Google AI Studio 超入門

Tuyano SYODA
掌田津耶乃 著

秀和システム

サンプルのダウンロードについて

サンプルファイルは秀和システムのWebページからダウンロードできます。

●サンプル・ダウンロードページURL

http://www.shuwasystem.co.jp/support/7980html/7257.html

　ページにアクセスしたら、下記のダウンロードボタンをクリックしてください。ダウンロードが始まります。

[⬇ ダウンロード]

はじめに

Geminiで生成AIをフル活用しよう！

2023年がChatGPTの年だとすれば、2024年は「Geminiの年」といってもいいかもしれません。Googleが開発したGeminiは、ChatGPTの最新モデルGPT-4に匹敵する性能を誇ります。Geminiの最高モデルであるUltraはGPT-4を上回る性能を持つといわれます。

そんなGeminiが、自分のプログラムから簡単に利用できるようになったら？ AIを利用したアプリやサービスを考えている人なら、誰しも「試してみたい！」と思うでしょう。

こうした人々の声に答え、Googleがリリースしたのが「Google AI Studio」です。

Googleは、それ以前からAI利用のためのサービスを提供していました。「Vertex AI」というもので、Google Cloudのサービスとして提供され、Google Cloudのさまざまなサービスと連携してAIを使った高度なプログラム開発が行えます。ただし、Google Cloudのサービスであるため、本格的な開発を考えている人には便利ですが、「これからアプリやサービスを作ってみたい」というAI開発ビギナーにとってはハードルの高いものでした。

Google AI Studioは、利用できるモデルをGeminiに限定し、機能も最低限必要なものに削ぎ落としてシンプルに使えるようにしたサービスです。これはGoogle Cloudとは切り離して提供されているため、Google Cloudを使っていない人も簡単に利用できます。

このGoogle AI Studioを独学で使えるようにするための入門書として本書を用意しました。本書は、Google AI Studioの基本的な使い方からプログラムの作成まで説明を行います。プログラミングに関しては、コマンドベースで動くcurl、およびプログラミング言語のPython、JavaScriptからGeminiを利用する方法を説明します。また作成するプログラムも、コマンドラインプログラム、Webアプリ、サーバプログラムなど幅広く作り方を解説していきます。この他、自分で作成した関数と連携したり、エンベディングと呼ばれる機能でテキストを数値化したり、意味的検索を行うなど高度な手法についてもページを割いています。

これ一冊あれば、Google AI Studioを使ったAIプログラム開発について一通り学ぶことができるでしょう。本書とGoogle AI Studioで、Geminiのパワーをぜひ体験してください。

2024.05　掌田津耶乃

目　次

Chapter 1
Chapter 2
Chapter 3
Chapter 4
Chapter 5
Chapter 6
Chapter 7
Chapter 8

4

Chapter 1
Chapter 2
Chapter 3
Chapter 4
Chapter 5
Chapter 6
Chapter 7
Chapter 8

Chapter 5　Node.jsでAIを利用しよう

Chapter 1
Chapter 2
Chapter 3
Chapter 4
Chapter 5
Chapter 6
Chapter 7
Chapter 8

Chapter 1
Chapter 2
Chapter 3
Chapter 4
Chapter 5
Chapter 6
Chapter 7
Chapter 8

Chapter
1

Chapter
2

Chapter
3

Chapter
4

Chapter
5

Chapter
6

Chapter
7

Chapter
8

Google AI Studioの
基本

ようこそ、Google AI Studioへ！ まずは、Googleの
Gemini Proを利用するツールの使い方をここでしっかりと
マスターしましょう。そしてプログラミングをスタートする
ために必要な準備を整えておきましょう。

Google AI Studioを利用する

Section 1-1

🎯 Geminiの衝撃！

　2023年がOpenAIによる「ChatGPTの年」だったとするならば、2024年の前半は、まさに「Geminiの年」といってよいでしょう。

　2023年末に突然リリースされたGoogleのGeminiは、世界中のAI関係者に衝撃を与えました。Google Bardは「Google Gemini」へと名称変更され、誰もが気軽にGeminiを利用できるようになりました。

　ChatGPTがリリースされた当初、AIの世界では急速に忘れ去られつつあるかのように扱われていたGoogleは、1年もたたない内にAI競争の最先端へと再び戻ってきたのです。AI分野で長年の蓄積があるGoogleの底力を見た思いがします。

LLMモデルとは？

　ChatGPTや、GoogleのGeminiのようなAIモデルは、一般に「LLM（Large Language Model、大規模言語モデル）」と呼ばれます。これは「学習済みモデル」といってすでに膨大な学習データを使ってさまざまな言葉や知識を学習済みであり、誰でもモデルに問い合わせるだけでさまざまな応答を得られます。

　それまでのAIモデルは、自身で学習させるデータを用意し、それをもとにモデルを訓練して専用のモデルを作成して利用するようになっていました。膨大なデータを学習済みのLLMにより、AIは一気に私たちの身近な存在へと変わったのです。

クラウドでいち早くGeminiを開放

　Googleと他のAI開発企業とのもっとも大きな違いは、単に最新の技術を開発しリリースするだけでなく、リリースと同時に「誰もがその技術を使えるようにする」ことを考えている点でしょう。

　ただ使えるだけでなく、その技術を自分のプログラムやプロジェクトの中から利用できる

Chapter 1
Chapter 2
Chapter 3
Chapter 4
Chapter 5
Chapter 6
Chapter 7
Chapter 8

ようにする、最先端の技術をあらゆる技術者に開放する。そうして開放された技術が世界中で利用され、最終的にGoogleの利益へとつながっていくことをよく理解しているのです。

　Geminiは、公開と同時にGoogle Cloudで利用可能となりました。Google Cloudは、Googleの技術を利用するための基本となるプラットフォームです。このGoogle Cloudに「Vertex AI」というAI専門のサービスを用意し、技術者は誰でもそこでGeminiを利用できるようになりました。

クラウドに縛られたくない！

　しかし、Google Cloudを利用している技術者は、全体の中では一握りに過ぎません。Google Cloudは非常に優れたクラウドプラットフォームですが、これは「あらゆる技術をGoogleのサービスで賄う」ことを前提に設計されています。アプリのデプロイも、データベースも、ファイルストレージも、何もかもすべてGoogle Cloudのサービスを利用する前提で作られているのです。

　Google Cloudに限らず、こうしたクラウドサービスはどれも同じです。AmazonのAWS、MicrosoftのAzure、いずれもGoogle Cloudと同様にすべてをクラウド内のサービスを使って行うように設計されています。

　Google Cloudは優れたプラットフォームですが、使いこなすには相当な知識と技術が必要です。プログラミングを始めたばかりの人、クラウドを使ったことがない人が「ちょっとGeminiを使ってみたい」というだけでGoogle Cloudを始めるのは、かなりの勇気がいることでしょう。

Google AI Studioの登場！

　そこでGoogleが用意したのが「Google AI Studio」です。Google AI Studioは、「Gemini Proを利用する」という点だけに機能を絞って作られたAI利用サービスです。アクセスしてその場でGemini Proを使ってプロンプトを実行できるだけでなく、Gemini Proを利用したプログラムの開発を簡単に行えるようにしてくれます。

　では、このGoogle AI Studioというのはどういうものなのでしょうか。何ができるのでしょうか。ここで簡単にまとめてみましょう。

●プレイグラウンドを持っている
　さまざまなプロンプトをGemini Proに送信できるプレイグラウンドを持っています。これを利用し、実際にGemini Proを利用してどのようなやり取りができるかを確認し、プロンプトを開発できます。

Chapter 1
Chapter 2
Chapter 3
Chapter 4
Chapter 5
Chapter 6
Chapter 7
Chapter 8

●Python、Node.jsなど多言語に対応

　Google AI Studioでは、Gemini ProへアクセスするためのAPIを提供しています。これは、Python、JavaScript（Webベース）、Node.js、Dart（Flutter）、Go、Android、iOSなどさまざまな言語や環境から利用できるようにライブラリ類が提供されています。これだけ用意されていれば、自分のプログラムやサービスなどにGemini Proを利用した機能を組み込むことができるでしょう。

●モデルのチューンナップが可能

　ただ用意されたモデルを使うだけでなく、自分で学習データを用意し、それを使ってGemini Proを訓練してオリジナルのモデルを開発することもできます。作ったモデルは、Gemini Proと同様にAPIからアクセスできます。「自社のデータを使ってAI開発をしたい」と思っている企業にも対応できるようになっているのです。

●試すだけなら無料！

　こうしたAI利用のためのサービスは基本的に有料ですが、Google AI Studioは、1日当たり50リクエストまでは無料で利用できます。ちょっと試すだけならこれで十分ですね。実際にサービスを公開して多数のアクセスが行われるようになったら支払いを考えればいいのです。

　（※後述するGoogle Cloudで支払いの設定を行うと1日2000リクエストまで利用可能になります。）

Google AI Studio にアクセスする

　では、実際にGoogle AI Studioにアクセスしてみましょう。Google AI Studioは、「Google AI for Developers」というGoogleのAI開発者向けサイトから開くことができます。まずは、このサイトにアクセスしましょう。

```
https://ai.google.dev
```

Chapter
1

Chapter
2

Chapter
3

Chapter
4

Chapter
5

Chapter
6

Chapter
7

Chapter
8

図 1-1 Google AI for DevelopersのWebサイト。

ここから Google の AI モデルの利用を開始できます。ここにある「Get Gemini API key in Google AI Studio」というボタンをクリックすると、Google AI Studio に移動します。

あるいは、Webブラウザから直接URLを指定してアクセスすることもできます。

https://aistudio.google.com

アクセスすると、ログインする Google アカウントを選択する表示が現れます。Google AI Studio は、Google アカウントでログインしないと使えません。利用するアカウントを選択し、ログインを行ってください。

図 1-2 アクセスするとGoogleアカウントのログイン画面になる。

　アカウントを選択後、「Googleアカウントを最大限に活用するためのおすすめの方法です」という表示が現れたかもしれません。これは、Googleアカウントを活用するために電話番号や住所の登録、プロフィールの作成などを行うよう促すものです。設定しなくとも利用にはまったく影響はないので、「後で行う」をクリックしてスキップして構いません。

図 1-3　あれこれ要求してくるが「後で行う」でスキップできる。

Google AI Studio とプレイグラウンド

　これでGoogle AI Studioにアクセスできました。初めて利用する際は、アクセスすると同時に「Terms of Service」という表示が現れるでしょう。これは、利用規約の表示です。ここにある「I consent to the Generative AI APIs Additional Terms of Service……」と表示されたチェックボックスをクリックしてチェックをONにしてください。他の2つのチェックボックスは、Google AIの情報が更新されたらメールで知らせてもらうもので、OFFのままでも構いません。Google AIの更新情報を知りたい人だけONにしておけばいいでしょう。

　チェックボックスを選択したら、右下の「Continue」ボタンをクリックしてください。これで規約に承諾したことになり、Terms of Serviceの表示が消えてGoogle AI Studioが使える状態になります。

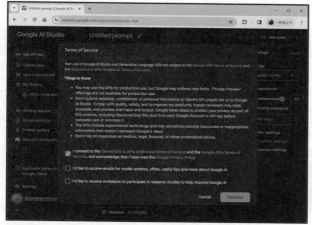

図 1-4 「Terms of Service」の表示が現れる。

Chapter
1

Chapter
2

Chapter
3

Chapter
4

Chapter
5

Chapter
6

Chapter
7

Chapter
8

Google AI Studioの基本表示

　Google AI StudioのWebアプリは、左側に表示を切り替えるためのリストがあり、そこで選択した項目の内容がリストの右側に表示されるようになっています。

　アクセスして最初に表示されるのは、チャットのプレイグラウンドです。Google AI Studioには複数のプレイグラウンドがあり、このチャット用のものがもっとも基本的なプレイグラウンドになります。まずは、このチャットプレイグラウンドの使い方をきちんと理解しましょう。

　チャットプレイグラウンドは、中央にチャットを表示するエリアがあり、下部にプロンプトを入力するフィールドが用意されています。また画面の右側には、AIモデルにアクセスする際に使われる各種のパラメータ情報の設定が用意されています。

　まずは、「プロンプトを送信して応答を得る」というチャットの基本を覚えましょう。

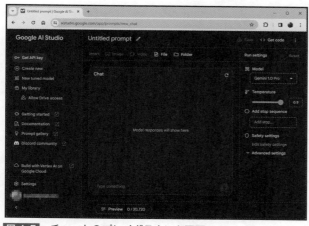

図 1-5 チャットのプレイグラウンド画面。

チャットをしよう！

　では、実際にチャットを試してみましょう。チャットエリアの下部にあるフィールドにプロンプトのテキストを記入し、Enterすれば、AIモデルに送られて応答が返されます。Gemini Proは日本語も問題なく扱えます。

　送信したプロンプトとAIモデルからの応答はチャットエリアに順に表示されていきます。お互いのやり取りを確認しながら会話していけます。

図 1-6　入力フィールドにプロンプトを書いてEnterすると応答が返る。会話の内容はチャットエリアに表示される。

　チャットを続けていくと、会話がどんどん長くなっていきます。そうなったら、会話をクリアしましょう。チャットエリアの右上にクリアのアイコンがあり、これをクリックすれば会話がすべて消去されます。

図 1-7　「クリア」のアイコンをクリックすると、会話を消去できる。

プロンプトを保存する

　Google AI Studioのプレイグラウンドでは、単にプロンプトを実行するだけでなく、その内容を保存しいつでも開いて利用することができます。これは、例えばAIモデルに何らかの役割や性質を割り当てて使いたいような場合に役立ちます。

　例えば、こんなプロンプトを実行したとしましょう。

リスト1-1

> あなたは小学生に教える家庭教師アシスタントです。常に10歳の子供を相手にしているように会話してください。

　これを実行すると、AIから応答が返ってきます。そして以後は、AIは小学生に教える家庭教師アシスタントとして振る舞うようになります。

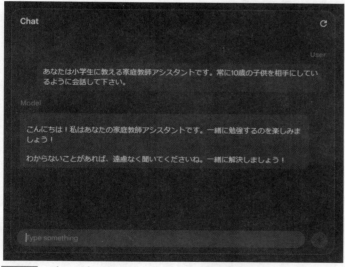

図1-8　プロンプトを実行し、小学生の家庭教師アシスタントとして応答するようになる。

プロンプトを保存する

　では、このプロンプトを保存しましょう。プレイグラウンドの上部右側に「Save」というボタンが用意されています。これをクリックし、現れたパネルの「Prompt name」に名前を記入しましょう。その下の「Description」は簡単な説明文を記入する欄です。これは必要なければ空のままで構いません。

Chapter 1
Chapter 2
Chapter 3
Chapter 4
Chapter 5
Chapter 6
Chapter 7
Chapter 8

図 1-9 パネルにプロンプト名を記入する。

　記入したら、「Save」ボタンをクリックするとプロンプトを保存します。初めて保存する際は、Google AI Studioから Googleドライブにアクセスを行うため、Googleアカウントのログイン画面が現れます。ここで、Google AI Studioで使っているアカウントを選択してください。これで、アカウントの Googleドライブにアクセスできるようになり、プロンプトが保存されます。

図 1-10 ログイン画面でアカウントを選択する。

　無事、プロンプトが保存できたら、Google AI Studioの左側にあるリストの「My Library」というところに、保存したプロンプトが表示されます。保存したプロンプトはここにまとめられ、いつでもダブルクリックして開いて使うことができます。

図 1-11　「My Library」に保存したプロンプトが表示される。

プロンプトはGoogleドライブにある

　このプロンプトは、Googleドライブに保存されています。Googleドライブにアクセスすると、マイドライブ内に「Google AI Studio」というフォルダーが作成され、その中にプロンプトのファイルが保存されていることがわかります。

図 1-12　Googleドライブの「Google AI Studio」フォルダーにプロンプトが保存される。

プロンプトの利用と新規プロンプト

　保存されたプロンプトは、ダブルクリックして開けばそのプロンプトがそのままチャットエリアに表示され、保存されたときの状態が再現されます。いつでも保存したプロンプトの状態から続けることができるわけです。

　また、プロンプトを開いた状態から新たにプロンプトを開始したい場合は、左側にあるリ

Chapter 1
Chapter 2
Chapter 3
Chapter 4
Chapter 5
Chapter 6
Chapter 7
Chapter 8

ストから「Create new」をクリックし、プルダウンして現れたメニューから「Chat prompt」を選びます。この「Create new」は、新たなプレイグラウンドを開くためのもので、Chat promptで新たなチャットプレイグラウンドが開けます。

図 1-13　「Create new」から「Chat prompt」を選ぶと新しいチャットプレイグラウンドが表示される。

ファイルを利用する

　Gemini Proは、マルチモーダル(複数のメディアをシームレスに扱えるモデル)として設計されています。テキストのプロンプトだけでなく、その他のデータを利用することができるのです。

　例として、PDFをアップロードして、その内容を要約させてみましょう。ファイルアップロードは、チャットエリアの上部にある「File」「Folder」といったボタンで行えます。ファイルを単独で利用する場合は「File」を、フォルダーごとアップロードして利用したい場合は「Folder」を使います。

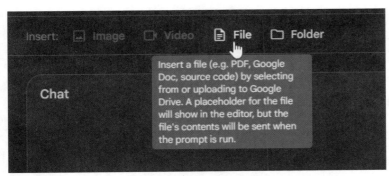

図 1-14　チャットエリアにある「File」「Folder」のボタン。

　では、PDFファイルをアップロードしましょう。「File」ボタンをクリックするとメニューがプルダウンして現れます。ここから「File Upload」を選んでください。

図 1-15　「File」から「File Upload」メニューを選ぶ。

　画面に「Select or upload a File」というパネルが開かれます。ここでファイルを選択します。「My Drive」をクリックすると、Googleドライブの内容が表示され、そこからファイルを選択できます。また「Upload」が選択されている場合、「Browse」ボタンをクリックしてファイルを選択しアップロードします。

　では、「Browse」ボタンをクリックしてPDFファイルを選択し、アップロードしてください。あるいは、このパネルにファイルを直接ドラッグ＆ドロップしてもアップロードできます。

図 1-16　ファイルの選択パネル。「Browse」ボタンを押し、ファイルを選択する。

　アップロードすると、チャットの入力フィールドにPDFファイルの名前が追加されます。このまま、その後にプロンプトを記述します。例えば「この文書を要約してください」と入力すれば、PDFファイルの内容を要約してくれます。

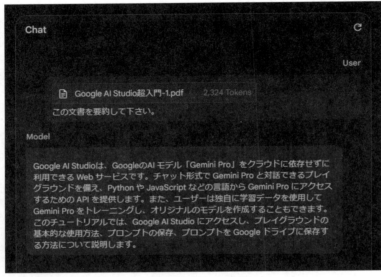

図 1-17 ファイルがプロンプトの入力フィールドにアップロードされた。

では、ファイル名に続けてプロンプトを記入し、Enter しましょう。ファイルを読み込んでプロンプトとともに AI モデルに送信し、応答を生成します。

このように Gemini Pro では、テキストファイルや Google ドキュメント、PDF などのファイルをアップロードし、そのファイルの内容に関するプロンプトを送ってファイルを処理することができます。

Chat   C

User

📄 Google AI Studio超入門-1.pdf   2,324 Tokens
この文書を要約して下さい。

Model

Google AI Studioは、GoogleのAI モデル「Gemini Pro」をクラウドに依存せずに利用できる Web サービスです。チャット形式で Gemini Pro と対話できるプレイグラウンドを備え、Python や JavaScript などの言語から Gemini Pro にアクセスするための API を提供します。また、ユーザーは独自に学習データを使用して Gemini Pro をトレーニングし、オリジナルのモデルを作成することもできます。このチュートリアルでは、Google AI Studio にアクセスし、プレイグラウンドの基本的な使用方法、プロンプトの保存、プロンプトを Google ドライブに保存する方法について説明します。

図 1-18 実行すると、PDFの内容を要約して表示した。

 アップロードしたファイルも Google ドライブに保存される   **Column**

ファイルをアップロードして利用する場合、そのファイルはどこに保管されているのでしょうか。実は、これも Google ドライブなのです。「Google AI Studio」フォルダーの中にファイルが保存されます。

同じファイルでも、何度もアップロードするとそれらはすべて別ファイルとして Google ドライブに保管されます。そのままにしておくとどんどんストレージを消費するので、時々フォルダーをチェックして不用なファイルを削除するとよいでしょう。

フリーフォームプロンプトについて

　チャットの基本的な使い方がわかったところで、その他のプレイグラウンドについても見てみましょう。「Create new」ボタンをクリックし、プルダウンして現れたメニューから「Freeform prompt」を選択してください。これでフリーフォームのためのプレイグラウンドが表示されます。

図1-19　「Create new」から「Freeform prompt」を選ぶ。

フリーフォームの表示内容

　フリーフォームというのは、文字通り「自由に入力する」ものです。このプレイグラウンドでは、テキストを編集するための広いエリアが1つあるだけです。フリーフォームでは、ここに好きなようにプロンプトを記述して実行します。

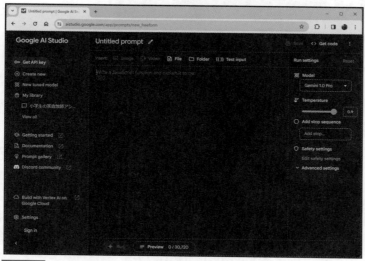

図1-20　フリーフォームのプレイグラウンド。

Chapter 1 / Chapter 2 / Chapter 3 / Chapter 4 / Chapter 5 / Chapter 6 / Chapter 7 / Chapter 8

　実際に、何かプロンプトを書いて実行してみましょう。例えば、こんなプロンプトを書いてみました。

リスト 1-2

> あなたは、猫アシスタントです。猫の気持ちになって回答してください。また語尾には必ず「ニャ〜」「ニャン」とつけてください。
>
> シェークスピアの作品の中でもっとも好きなものを3つ挙げてください。

　テキストの最後は1〜2行改行しておきましょう。記入したら、下部にある「Run」ボタンをクリックするとプロンプトを送信します。応答は、入力したテキストの後にそのまま続けて書き出されます。フリーフォームでは、このようにユーザーが入力したプロンプトとAIからの応答はすべて1つのテキストにまとめて扱われます。

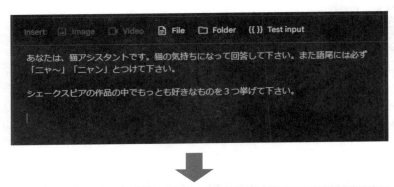

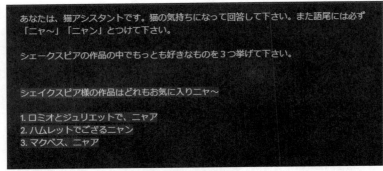

図 1-21 実行すると応答が表示された。

フリーフォームは続きを考える

　フリーフォームとチャットとの一番の違いは、「フリーフォームはテキストの続きを考える」という点です。チャットは、質問と答えが明確に分かれています。しかしフリーフォー

ムは、同じ1つのテキストに応答が続けて追加されていきます。

　例えば、こんなプロンプトを実行してみましょう。表示されているプロンプトをすべて選択して削除し、以下を記入してください。

リスト1-3

> 物語の続きを考えてください。
>
> 今日は待ちに待ったデートの日だ。待ち合わせの駅の改札前で佇む彼女を見て、僕は絶句した。彼女は、

　今回は、文の最後は改行しないでください。これを実行すると、そのまま物語の続きを書いてくれます。このように、テキストが途中であってもフリーフォームは問題ないのです。これは「テキストの後に続くテキストを考える」というものです。

　もちろん、先ほど試したように、質問のテキストを書いておけば、その答えが出力されます。そのとき、質問のテキストの最後を1～2行改行して空けておきましたね？ そうすることで、質問文と、その後に続くテキストが別のものであることがわかるようにしておいたのですね。

　今回のように改行しないでおくと、そのままテキストの続きを考えて生成していくのです。

Chapter 1
Chapter 2
Chapter 3
Chapter 4
Chapter 5
Chapter 6
Chapter 7
Chapter 8

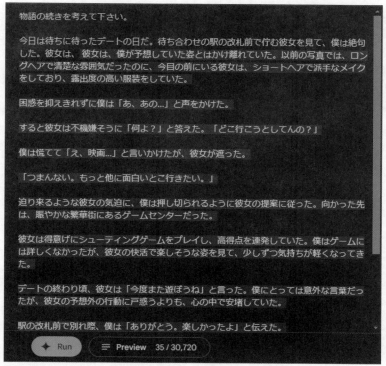

図 1-22 実行すると、物語の続きを書き始めた。

Gemini Pro Vision を使う

　テキストを入力するエリアの上部には「Image」「Video」といったリンクがうっすらと表示されています。クリックしても動きません。これらは、「今は利用できない」ということを表しています。

　なぜ、これらは使えないのか(右側にある「File」「Folder」は使えるのに)。それは、今使っているモデルがイメージを扱わないものだからです。

　右側にあるパラメータ類の表示エリアの一番上に「Model」という項目があります。その下に「Gemini 1.0 Pro」といった値が表示されているでしょう。これをクリックしてください。メニューがプルダウンして現れます。

　これは、現在利用可能なモデルを示すメニューです。ここから使いたいモデルを選べば、そのモデルを使うようになります。2024年4月現在、用意されているモデルは以下の5つです。

PaLM2(Legacy)	これはGemini以前のモデルです。設定により、これを使えるようにできます(デフォルトでは表示されません)。
Gemini 1.0 Pro	これがデフォルトで使われるモデルです。
Gemini 1.0 Pro 001(Tuning)	モデルをチューニングしたカスタマイズ版です。
Gemini 1.0 Pro Vision	画像イメージを扱えるモデルです。
Gemini 1.5（PREVIEW）	最新版である1.5モデルです。現時点では、プレビュー版としての扱いです。

　デフォルトでは「Gemini 1.0 Pro」が設定されていますが、これはイメージファイルを扱えません。イメージを利用するには「Gemini 1.0 Pro Vision」モデルを選択する必要があるのです。

　では、「Model」からこのモデルを選んで変更しましょう。

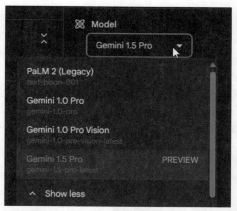

図 1-23 「Model」には複数のGeminiのモデルが用意されている。

「Gemini 1.0 Pro Vision」を選択すると、フリーフォームにうっすらとイメージが表示されます。これは、サンプルのプロンプトとイメージです。いくつかのプロンプトとイメージがサンプルとして浮き上がってくるのですね。

図 1-24 Gemini 1.0 Pro Visionにするとサンプルのイメージがうっすら表示される。

サンプルのプロンプトを使ってみる

では、表示されるサンプルを使ってみましょう。いくつかのサンプルが一定間隔で表示されていますから、「これを使ってみたい」と思うサンプルが表示されたときにTabキーを押してください。そのサンプルがプロンプトのエリアに書き出されます。おそらく、テキストのプロンプトの下にイメージが追加された形になっていることでしょう。

図 1-25 Tabキーを押すと、サンプルのプロンプトとイメージが追加される。

では、下部の「Run」ボタンをクリックしてプロンプトを実行しましょう。サンプルは英文になっているので、そのままだと応答も英語になります。テキストの部分を日本語に書き換えて実行すると応答も日本語になります。

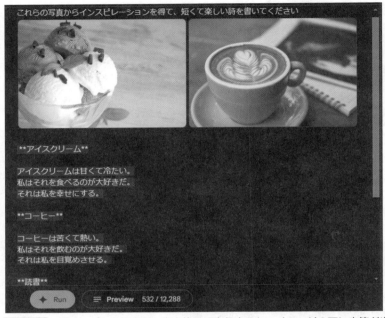

図 1-26 プロンプトを日本語に書き換えて実行すると、イメージの下に応答が出力される。

■ イメージをアップロードして使う

今度は、自分でイメージをアップロードして使ってみましょう。プロンプトのエリアのテキストをすべて削除し、「Image」ボタンをクリックします。すると下にメニューがプルダウンして現れるでしょう。

このメニューには、Google ドライブで最近使ったイメージやサンプルのイメージなどが表示されています。Google ドライブからイメージを選択するときは「Drive」を、ファイルをアップロードするときは「Upload」をクリックします。

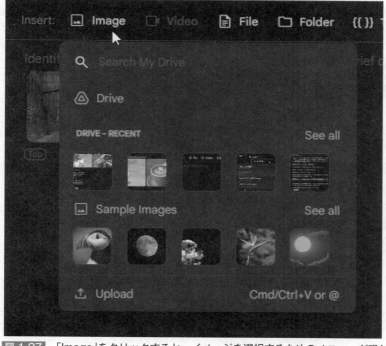

図 1-27　「Image」をクリックすると、イメージを選択するためのメニューが現れる。

　「Upload」を選んだ場合は、先にPDFファイルをアップロードしたのと同じパネルが現れます。ここで「Browse」ボタンを押してファイルを選択するか、あるいはファイルのアイコンを直接パネルにドラッグ＆ドロップします。

図 1-28　イメージの選択をするパネルで「Browse」ボタンを押してファイルを選ぶ。

Chapter 1
Chapter 2
Chapter 3
Chapter 4
Chapter 5
Chapter 6
Chapter 7
Chapter 8

これで、選んだイメージファイルが読み込まれ、プロンプトエリアに追加されます。後は、イメージの後にそのままプロンプトのテキストを続けて記述するだけです。

図 1-29 選択したイメージが追加された。

プロンプトを書いたら、「Run」ボタンで実行してください。アップロードしたイメージの内容に基づいて応答が出力されるのがわかるでしょう。

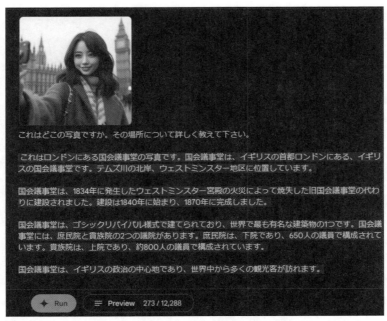

図 1-30 イメージとプロンプトをもとに応答が出力された。

◉ プロンプトのテスト

　フリーフォームには、チャットにはなかった機能がもう1つあります。それは「プロンプトのテスト」です。

　これは、プロンプトの中に変数を埋め込み、いくつかの候補を用意してそれぞれの応答を生成するものです。例えば、こんなプロンプトを考えたとしましょう。

リスト1-4
人間と猫の関係を詠んだ俳句を3つ作ってください。

　これを実行すれば、俳句を考えてくれるでしょう。では、人間と猫ではなく、人間と犬の場合は？ あるいは、人間とウサギは？

　こういう「プロンプトの一部を書き換えてどういう応答になるかいろいろ試してみたい」ということはあるでしょう。このようなときに用いられるのが、プロンプトのテストです。

■ テストを試す

　では、これを試してみましょう。プロンプトのエリアをクリアし、先ほどのプロンプトを記述してください。そして、「猫」の部分を消去し、以下のように記述をしましょう。

{{ペット：ねこ}}

　記述すると同時に、表示は「猫」に代わり、プロンプトのエリアの下部に「Test your prompt」という表示が現れます。

　この表示パネルには、「INPUT ペット」「OUTPUT」という2列の表示があります。

　「INPUT ペット」は、「ペット」という名前の変数にどういう値が当てはめられるかを示すものです。ここではその下に「ねこ」とありますね？ つまり、「ペット」変数に「ねこ」という値を当てはめることを表しています。

　では、「OUTPUT」とは何か？ これは、INPUTの変数に指定の値が当てはめられた場合のプロンプトの応答例を表示します。まだ何も表示されていませんが、これはプロンプトを実行していないためです。

Chapter 1
Chapter 2
Chapter 3
Chapter 4
Chapter 5
Chapter 6
Chapter 7
Chapter 8

図 1-31 プロンプトに {{ペット：猫}} と記述すると、下にテストのパネルが現れる。

　では、「ペット」変数に「ねこ」以外の値を追加しましょう。下に見える「Add test example」ボタンをクリックすると、「ねこ」の下に項目が追加されます。その INPUT に「犬」と記入します。

図 1-32 「Add test example」で項目を追加し、「犬」と記入する。

　もう1つ追加しましょう。「Add test example」で項目を追加し、「ウサギ」と値を記入します。これで「ペット」変数に3つの値が用意できました。

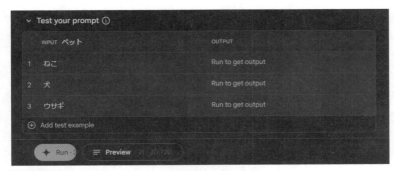

図 1-33 「ウサギ」を追加し、3つの値が用意できた。

テストを実行する

　では、テストを実行しましょう。テストを用意すると、下にある「Run」ボタンの表示が「Run with 3 examples」というように代わります。これをクリックすると、3つの値それぞれに応答が生成されます。

　試してみればわかりますが、「ペット」の部分に「ねこ」「犬」「ウサギ」のそれぞれの値がはめ込まれたらどういう応答が作成されるかがこれでひと目でわかります。

　このように、プロンプトの一部に変数を用意し、その値を複数用意することで、プロンプトのさまざまなバリエーションの応答がまとめて確認できるのです。これがプロンプトのテストの働きです。

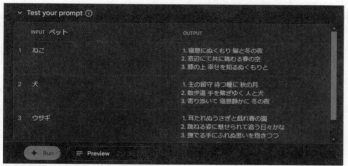

図 1-34　Runで実行すると、それぞれの値の応答が作成される。

構造化プロンプトについて

　残るは、「構造化プロンプト」のためのプレイグラウンドです。左側のリストにある「Create new」をクリックし、「Structured Prompt」メニューを選んでください。

図 1-35　「Create new」から「Structured Prompt」を選ぶ。

Chapter 1

Chapter 2

Chapter 3

Chapter 4

Chapter 5

Chapter 6

Chapter 7

Chapter 8

これで構造化プロンプトのためのプレイグラウンドが表示されます。このプレイグラウンドでは、中央のエリアに2つの表のようなものが用意されます。

●トーンとスタイルの指示

上に見える表は「Optional tone and style instructions for the model」というテキストの下に用意されています。これは、モデルに応答のトーンとスタイルを指示するためのものです。モデルに特定のキャラクタを割り当てたり、特定の役割を用意したりして、そのモデルの基本的な設定を行うためのものです。

●テスト用プロンプト

実際にプロンプトを送信するためのものです。ここにプロンプトを書いて実行すると、上のトーンとスタイルの指示を踏まえた上で応答が返されるようになります。

この2つをうまく利用してプロンプトを作成していきます。まずトーンとスタイルの指示を用意し、それが完成したらテスト用のプロンプトを書いて実行し応答をチェックする、という形で利用します。

と、説明しても、「何をすればいいかよくわからない」と思った人は大勢いるでしょう。これは、実際に試してみないと働きがよくわかりません。上の基本的な働きを頭に入れた上で、実際にプロンプトを書いて動かしてみましょう。

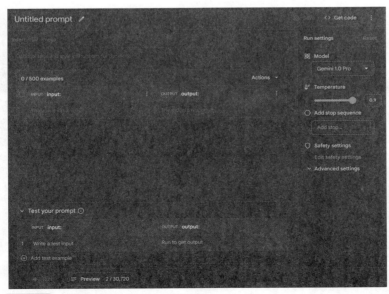

図 1-36 構造化プレイグラウンドの画面。

トーンとスタイルの指示

　では、プロンプトの書き方を説明しましょう。最初に用意するのは、トーンとスタイルの指示です。

　ここには「INPUT」と「OUTPUT」という2つの列が用意されていますね。見たところ、先にフリーフォームで使ったプロンプトのテストの表示と似ています。入力（ユーザーが送信するプロンプト）と出力（AIからの応答）の2つがセットになっている点は同じですが、トーンとスタイルの指示では、両方を自分で記入していきます。

　これらは、「こういうプロンプトを送ったらAIはこう答えた」というやり取りのサンプルなのです。特定の用途で使うAIアシスタントや、AIにキャラクタを設定するようなとき、あらかじめその設定をもとにやり取りした会話の例が必要です。そうした例を用意しておくことで、AIは「こういう形でやり取りするんだ」ということを学ぶわけです。その例を作成するのが、この部分です。

図 1-37　トーンとスタイルの設定部分。INPUTとOUTPUTがある。

キャラクタを設定しよう

　では、実際にトーンとスタイルを使ってキャラクタを設定してみましょう。INPUTとOUTPUTのところに、以下のように記入をしてみます。

INPUT	あなたは誰ですか？
OUTPUT	私はカオルです。

　こんな具合に、会話の例を記述して、AIがどのように応答を返すのかを教えていくのです。OUTPUTには、あなたがあらかじめ考えたAIアシスタントをイメージして、「このAIアシスタントだったらどう答えるか」を想像して書いていきます。

図 1-38　サンプルの入力と出力を記入する。

　この例を記入すると、自動的に下に新たな入力欄が追加されます。ここに追記するとさらにその下に……という具合に、いくつでも例を記述していけます。実際に簡単なやり取りをいくつか考えて書いてみましょう。3つ程度用意すれば、AIアシスタントの性格がだいぶわかってくるでしょう。

図 1-39　いくつかやり取りの例を記述する。

作成した例を使ってみる

　では、記入した例を使って、実際にプロンプトを送ってみましょう。下の「Test your prompt」のところの「INPUT」欄に、送信するプロンプトを記述します。そして実行すれば、その応答がOUTPUT欄に出力されます。

図 1-40　Test your promptの欄。ここにプロンプトを書く。

　では、INPUTの下の欄（左端に「1」と表示されている）に、送信したいプロンプトを書いてください。そして「Run」ボタンをクリックしましょう。AIモデルにプロンプトが送られ、応答がOUTPUTに表示されます。

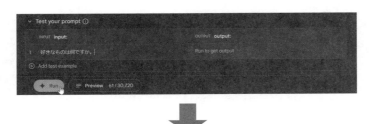

図 1-41　プロンプトを書いて「Run」をクリックすると応答が表示される。

このTest your promptも、プロンプトを記入する行はどんどん追加して増やしていけます。下にある「Add test example」をクリックすれば、項目が追加されます。

図 1-42 「Add test example」でプロンプトを追加していける。

基本はチャット！

これで、3つのプレイグラウンドの基本的な使い方がわかりました。これらは、いずれも「プロンプトを送って応答を得る」という点は同じですが、そのプロンプトの送り方はかなり違います。

とりあえず、基本のプレイグラウンドである「チャット」を使って、さまざまなプロンプトを試していきましょう。チャットがAIとのやり取りの基本です。それ以外のものは、応用と考えていいでしょう。特に構造化プロンプトは、慣れない内はやっていることがイマイチ理解できないかもしれません。

まずは、チャットのプレイグラウンドを使ってじっくりとプロンプトとAIのやり取りを学んでください。そして、AIとのやり取りに慣れてきたら、フリーフォームや構造化プロンプトを利用できるようにしていきましょう。

プロンプト開発について

これらのプレイグラウンドは何のために用意されているのか？ それは、「プロンプトの開発」のためです。

AIを利用したプログラムを作成する場合、ただ単に「プログラムの中からプロンプトを送信して応答を受け取れればOK」ということはそう多くはないでしょう。AIを利用するならば、どういう用途に使うのか、どういう使い方をするのか、それを考え、それに合わせた形でAIが働くようにする必要があります。

例えば、自社の製品に関する質問に答えるAIチャットを作ろうと考えたとしましょう。その場合、送信するプロンプトは、自社製品に関するものしか受け付けないようにする必要

があります。まったく関係ないことまで受け答えしてしまったら、自社製品のQ&Aアシスタントではなくなってしまいます。

　では、どうやって自社の製品しか応答しないようにするのか。それには、そのための「プロンプトを作成する」のです。AIモデルは、プロンプトがすべてです。プロンプトをきちんと用意することで、思った通りに動くAIを作れるのです。

　では、思い通りのAIを作るためには、どのようなプロンプトを用意すればいいのでしょうか。その基本的な考え方をここで簡単にまとめておきましょう。

AIはサンプルで学習する

　AIを思ったような形で働くようにするプロンプトはどう作るのか。それは、実はすでにやっています。構造化プロンプトのところで、ユーザーとAIのやり取りの例を作成しましたね。あれが、プロンプト設計の基本なのです。

　AIは、会話のサンプルを用意することで「どのように会話をすればいいか」を学習します。構造化プロンプトでは、いくつかの会話の例を用意しました。こうした例によってAIは学習していきます。

　1つだけの例で学習する手法を、一般に「ワンショット学習」と呼びます。また複数の例を用意して学習する手法を「少数ショット学習」と呼びます。この2つが、例による学習のもっとも基本となる手法です。

明確な指示を与える

　学習データとして例を作成するとき、最初に考えておきたいのは「どのようなアシスタントなのか、明確に指示する」という点です。例えば、自社製品のQ&AをAIで行いたいならば、こんなプロンプトが考えられるでしょう。

リスト1-5

あなたは、〇〇電機が作成した製品「××」のQ&Aアシスタントです。製品「××」に関する質問にだけ答えます。それ以外の質問には「回答できません」と答えます。

　どういう役割を果たすのか。どういう質問に答え、どういうものには答えないのか。そうした「こう機能してほしい」と思うことを明確に指示する必要があります。

必要なコンテンツを用意する

　自社製品のQ&Aアシスタントなどの場合、その製品に関する情報がわかっていないこともあります。このようなときには、必要な情報を用意し、それをもとに応答するようにします。

　先にチャットを試したとき、PDFファイルをアップロードして質問するということを試してみましたね。あれと同様に、あらかじめ必要なデータをファイルにまとめておき、それを添付してプロンプトを作成するとよいでしょう。

　また、それほど長いコンテンツでないならば、直接プロンプトにデータを記述してしまっても構いません。Gemini Proは非常に長いコンテンツも受け取って処理することができます。

プロンプトは試行錯誤！

　基本的なプロンプトの考え方がわかっても、それで思った通りに働くAIが簡単に作れるわけではありません。プロンプトは試行錯誤です。あるプロンプトを作って実際にいろいろと質問をして動作を確かめ、おかしな応答をしたらそれを調整するようにプロンプトを修正する。それをひたすら繰り返して、より正確に働くようにしていくのです。

　AIを利用したプログラムを作成する場合、「AIにプロンプトを送って応答を得る」という基本的な処理は、決して難しいものではありません。これに関しては、少し勉強すればできるようになるでしょう。問題は、「思った通りに応答を返すようにする」ことです。実は、こちらのほうがはるかに難しいのです。

　プロンプトを考えて実行しても、思ったような返事が返ってこない。それは、誰もが経験する問題です。プロンプトは、一度や二度の修正で完成するわけではありません。何度も修正を重ね、少しずつ目標に近づけていくものです。このことを忘れないでください。

Chapter 1
Chapter 2
Chapter 3
Chapter 4
Chapter 5
Chapter 6
Chapter 7
Chapter 8

Section 1-2　開発に必要な機能と知識

Chapter 1
Chapter 2
Chapter 3
Chapter 4
Chapter 5
Chapter 6
Chapter 7
Chapter 8

◎ パラメータについて

　プレイグラウンドでプロンプトを送信する基本がわかったところで、開発に必要となる機能や知識について学んでいくことにしましょう。

　まずは、「パラメータ」についてです。Google AI Studio には3種類のプレイグラウンドが用意されていましたが、いずれも画面の右側に細かな設定を行うための表示が用意されていました。これが「パラメータ」です。

　パラメータは、AIモデルにプロンプトを送る際に合わせて送信される情報です。これにより、AIモデルがどのようにしてプロンプトを処理していくかを細かく調整できるようになっています。

モデルの変更

　右側のエリアの一番上にある項目としては、一番上にある「Models」という項目だけ使いましたね。これは、試用するモデルを選択するためのものでした。クリックすると利用できるモデルがプルダウンメニューで現れ、ここから選択できました。

図 1-43　「Models」は、使用するモデルを変更する。

Temperature

　「Temperature（温度）」は、AIが生成する応答へもっとも重要な影響を与えるパラメータです。これは、生成される応答の多様性に関するものです。これは0〜1の実数で指定されます。

　応答の生成は、プロンプトから次に続くトークン（テキストの最小単位となるもの）を選んでつなげていくことで作られます。それまでのテキストによって、次に続くトークンがどれになるか、その候補が用意され、その中から選ばれます。

　この候補となるトークンの選ばれる確率を調整するのがTemperatureです。この値が低いと、より選ばれる確率の高いトークンに絞って次の候補が選ばれます。確実な応答が生成されるようになるのです。値が高くなるに従い、より幅広い候補の中から次のトークンが選ばれるようになり、より柔軟で多様性のある応答（はっきりいえば、デタラメな応答）が作られるようになります。

図 1-44　Temperatureのパラメータ。

「トークン」って何？　　Column

　Temperatureの説明で、「トークン」という耳慣れない言葉が出てきました。トークンは、AIがテキストを扱う際の最小単位となるものです。これはテキストを単語や句読点などの記号に分解したものをイメージするとよいでしょう。例えば、「こんにちは。いい天気ですね！」というテキストをトークンに分解してみましょう。

　|こんにちは|。|いい|天気|です|ね|！|

　この1つ1つがトークンです。もちろん、本当にこんな具合に分割されるとは限りません。モデルはそれぞれ単語を学習しており、その学習データに基づいてテキストをトークンに分割します。モデルが変われば、トークンの分割の仕方も変わってくるのです。

Add stop sequence

　これは、応答の停止テキストを指定するためのものです。応答は、通常、AIがテキストを生成していって自分で「これで終わり」と判断して終了しています。しかし、場合によっては「ここで終わりにしてほしい」というようなときもあるでしょう。そのようなときに用いられるのが、このパラメータです。

　この項目のフィールドにテキストを記述しておくと、そのテキストが応答で出力されたらそこで強制的に応答の生成を停止します。例えば、「一文だけ答えてほしい」と思ったなら、Add stop sequenceに「。」と記入しておけば、句点の「。」が出力された時点で応答は終了します。

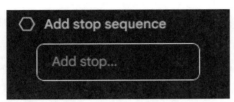

図 1-45 Add stop sequenceに指定したテキストが生成されるとそこで終了する。

Output length

　その下にあるSafety settingsは後に回して、その下の「Advanced Settings」に進みましょう。これをクリックすると、その下にいくつかの項目が追加表示されます。

　最初にある「Output length」は、出力される応答の最大トークン数を指定するものです。この値を大きくすれば、より長い応答が生成できるようになります。Gemini Proは、最大100万トークンまで生成可能な仕様となっています。ただし、数字を大きくすれば生成される応答がどんどん長くなるわけではありません。例えば、この値を10000にしても、質問内容によっては十数トークンで終わることもあります。これは、あくまで「最大でこれだけ生成できますよ」ということなのです。

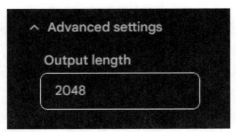

図 1-46 Output lengthは最大トークン数を指定する。

Top K/Top P

応答を生成する際には、候補となるトークンが多数用意されていて、その中から選んでテキストを生成していきます。この候補となるトークンの絞り込みに関するパラメータがTop K（上位K）とTop P（上位P）です。

Top Kは、用意されている候補の内、上位から指定した個数のトークンを候補に絞り込みます。またTop Pは、用意されている候補の上位から指定した割合(パーセント)に絞り込みます。いずれも、値が小さくなると、より上位の限られたトークンから次の値が選ばれるようになります。値が大きくなると、より下位のトークンまで候補に含まれるようになります。

Top Kは一以上の整数で指定します。「50」なら、上位50個のトークンに候補を絞り込みます。Top Pは0〜1の実数で指定します。例えば「0.1」なら上位10%のトークンに候補を絞り込みます。

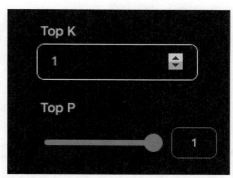

図 1-47 Top KとTop Pのパラメータ。

Safety settings について

パラメータの中には、コンテンツの安全性に関するものもあります。例えば送られてくるプロンプトに問題のある内容が含まれている場合、あるいは生成される応答に問題のある内容が含まれていた場合、そのままプロンプトを受け取り応答を生成して返すわけにはいきません。こうした場合は、やり取りを中断して応答の生成を行わないようにしなければいけません。

こうしたコンテンツの安全性に関する設定を行うのが「Safety settings」です。この項目をクリックすると、下に「Edit safety settings」というリンクが現れます。これをクリックすると、画面に安全性に関する設定のパネルが開かれます。

このパネルには、さまざまな有害コンテンツについて、どのぐらい有害ならばブロックするかをスライダーで指定します。用意されている項目は以下の通りです。

Chapter 1
Chapter 2
Chapter 3
Chapter 4
Chapter 5
Chapter 6
Chapter 7
Chapter 8

Harassment	各種のハラスメント
Hate speech	ヘイトスピーチ
Sexually Explicit	露骨な性的表現
Dangerous content	危険なコンテンツ

　これらについて、それぞれどれの有害度の基準を指定します。各項目にはスライダーがあり、「Block few」「Block some」「Block most」のいずれかを選択します。これで、より有害コンテンツを厳しく取り締まるか、緩めにするかを調整できます。

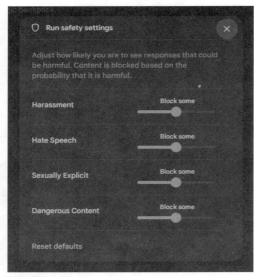

図 1-48 Safety settings のパネル。

APIキーについて

　Google AI Studioには、プログラミング言語などからAIモデルにアクセスするためのAPIが用意されています。このAPIを利用するためには、APIキーを用意する必要があります。このAPIキーの用意について説明しましょう。

　APIキーの管理は、Google AI Studioの左側のリストにある「Get API key」という項目として用意されています。これを選択すると、APIキーの管理画面が表示されます。といっても、まだKeyは作成していないので何も表示はされません。キーを作成するボタンが用意されているだけです。

　ここにある「Create API key」というボタンをクリックしてAPIキーを作成します。

図 1-49 「Get API key」を選択し、画面にある「Create API key」ボタンをクリックする。

　画面に「Create API key」と表示されたパネルが現れます。APIキーは、Google Cloudのプロジェクトに保存されます。従って、まず「どのプロジェクトに保存するか」を指定する必要があります。

　すでにGoogle Cloudを利用している人は、パネルの下側にある「Search Google Cloud projects」というフィールドをクリックするとプロジェクトの一覧がプルダウンして現れるので、ここから使いたいプロジェクトを選択します。

　ほとんどの人は、Google Cloudなど使ったことがないでしょう。その場合は、「Create API key in new project」のボタンをクリックしてください。新しいプロジェクトを作成し、そこにAPIキーを保存します。

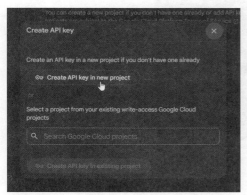

図 1-50 「Create API key」パネルが表示される。

　プロジェクトが生成されると、「API key generated」というパネルが表示され、そこに
API キーの値が表示されます。キーの横には「Copy」というボタンがあり、これをクリック
すると API キーの値をクリップボードにコピーします。

　API キーは、プログラムから API を利用する際に必要となるものですから、必ずコピーし、
どこか安全なところにペーストして保管してください。次章より必要となります。

図 1-51　生成された API キー。「Copy」ボタンでコピーできる。

2つ目以降のキー作成

　API キーは、必要に応じていくつでも作ることができます。2つ目以降のキーを作る場合、
少しパネルの設定が変わるので注意しましょう。

　再度「Create API key」ボタンをクリックして「Create API key」のパネルを呼び出すと、2
つ目以降は「Create API key in new project」のボタンは表示されなくなります。

　「Search Google Cloud projects」のフィールドが表示されるので、これをクリックして
ください。Google Cloud のプロジェクトがプルダウンして現れます。その中から
「Generative Language project」という名前のプロジェクトをクリックして選択してくださ
い。これが、先ほど1つ目のキーを作成する際、自動生成されたプロジェクトです。

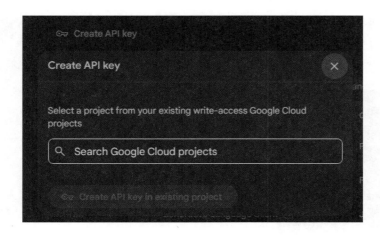

図 1-52　「Search Google Cloud projects」から「Generative Language Client」を選ぶ。

　プロジェクトが選択されたら、「Create API key in existing project」というボタンが選択可能になります。これをクリックすると、APIキーが作成されます。

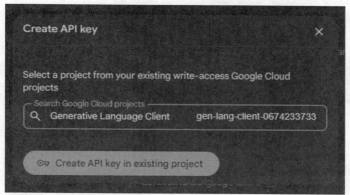

図 1-53　「Create API key in existing project」ボタンをクリックする。

作成されたキーの管理

　作成されたキーは、API keysの画面にリストにまとめられて表示されます。各項目には「API key」という表示があり、これをクリックすると「API key generated」のパネルが開かれ、APIキーを確認しコピーすることができます。

　また各項目の右端にはゴミ箱アイコンがあり、これをクリックして不要なAPIキーを削除することもできます。

　APIキーは、外部に流出したりすると、第三者によって勝手に使われる危険があります。そうなると、自分が使っていなくとも多額の費用が請求されることになるでしょう。APIが流出した場合は速やかにそのAPIキーを削除し、新しいAPIキーを作成して使うようにしましょう。

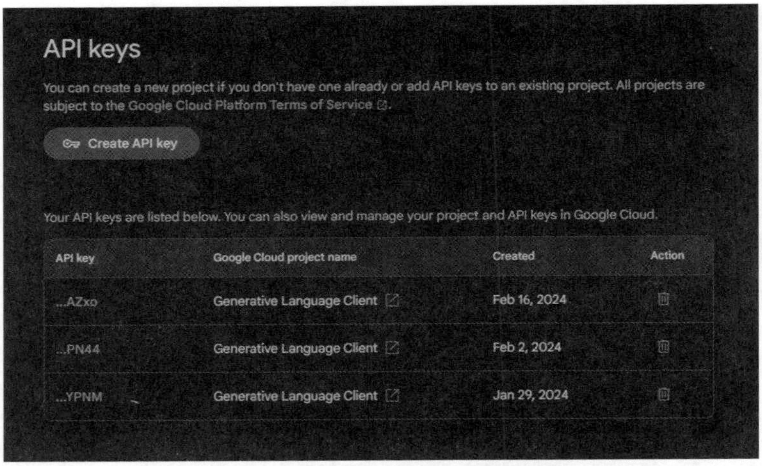

図 1-54　API keysには作成したキーがリスト表示される。

コードを調べる

　プログラムからAIモデルを利用するには、プログラミング言語を使ってコードを記述していきます。では、どのようなコードを書けばAIモデルを使えるのでしょうか。

　これは、次章から少しずつ学んでいくことですが、実はその基本は簡単に知ることができます。Google AI Studioの画面の右上には「Get code」というボタンがあります。これをクリックしてみましょう。画面にサンプルコードを掲載したパネルが開かれます。

図 1-55　「Get code」ボタンをクリックする。

　開かれたパネルには「You can call this prompt from the Gemini API by copying the following code into your project（次のコードをプロジェクトにコピーすることで、Gemini API からこのプロンプトを呼び出すことができます。）」と説明があり、その下に言語の表示を切り替えるリンクとサンプルコードが表示されています。デフォルトでは、Pythonのサンプルコードが表示されていることでしょう。

　このコードは、現在開いているプレイグラウンドのプロンプトなどをそのまま反映しています。プロンプトを書いていれば、そのプロンプトを送信する形でコードが生成されています。

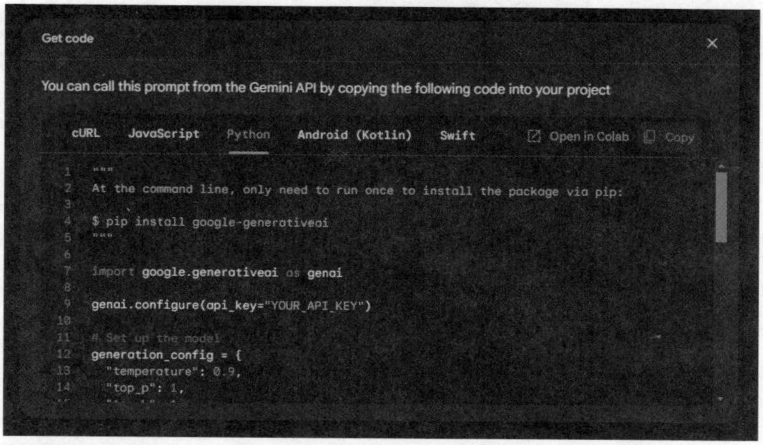

図 1-56 Get codeのパネル。各種言語のサンプルコードが用意されている。

用意されている言語

パネルには、各種の言語が用意されています。どんなものがあるのか簡単にまとめておきましょう。

cURL	これは、curlというコマンドを利用する例です。
JavaScript	これは、Node.jsというJavaScriptエンジンを利用する例です。
Python	おそらくこれがもっとも基本となるものでしょう。Pythonの例です。
Android(Kotlin)	Androidのアプリから利用する場合の例です。
Swift	macOSやiOSのアプリから利用する場合の例です。

これらは、「そのままコピペすれば動く」というわけではありません。利用するには、自分が取得したAPIキーなどの値を書き換える必要があります。また、AndroidやiOSのコードはそのままコピペすれば動くわけではなく、アプリのコード内に自分で追記して呼び出すようにする必要があります。

若干の注意点はありますが、それでも「すぐにAIを使えるコード」がこうしていつでも利用できるようになっているのは非常にありがたいですね！

Google Cloud について

　最後に、Google AI Studioとは別のものですが、実は関連のあるクラウドサービス「Google Cloud」についても簡単に触れておきましょう。

　Google Cloud は、Googleが提供するクラウドのプラットフォームです。さまざまな開発に関係するサービスが用意されており、クラウド上でほとんどの開発を行えます。これは、以下のURLにアクセスすると、「コンソール」と呼ばれる操作画面にアクセスできます。

https://console.cloud.google.com/

図 1-57　Google Cloudのコンソール画面。

　「Google Cloudなんて使ったこともないし、使う予定もない」と思った人。いいえ、実はすでに皆さんはGoogle Cloudを使っています。この画面の上部にある「プロジェクトの選択」という項目をクリックしてください。ここに、Google Cloud のプロジェクトがパネルで表示されます。まだ使ったことがないはずなのに、「Generative Language Client」というプロジェクトが作成されているのがわかるでしょう。

　これは、先ほどAPIキーを作成した際に作ったプロジェクトなのです。Google AI Studioは、実はこのようにバックグラウンドでGoogle Cloudを利用しているのです。

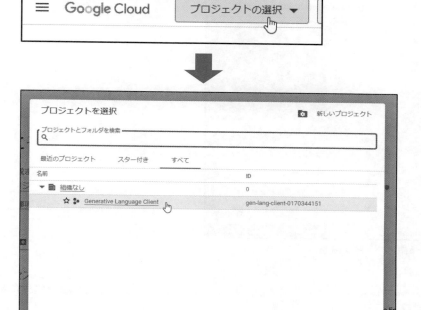

Chapter 1

Chapter 2

Chapter 3

Chapter 4

Chapter 5

Chapter 6

Chapter 7

Chapter 8

図 1-58 「プロジェクトの選択」をクリックすると、パネルに「Generative Language Client」というプロジェクト表示される。

現状では、ただGoogle AI Studioを利用するために必要な設定を保存するためにプロジェクトが作成されているだけですので、Google Cloudの使い方を詳しく知る必要はありません。ただ、何を使っているのか？ ぐらいは知っておきましょう。

では、「プロジェクトを選択」パネルで「Generative Language Client」を選択し、このプロジェクトを開いてください。そしてプロジェクトを開いたら、左上の「≡」アイコンをクリックし、現れたリストから「APIとサービス」という項目の「有効なAPIとサービス」を選んでください。

Chapter
1

Chapter
2

Chapter
3

Chapter
4

Chapter
5

Chapter
6

Chapter
7

Chapter
8

図 1-59 「有効な API とサービス」を選ぶ。

APIとサービス

　「APIとサービス」というページに移動します。これは、Google Cloudが提供するさまざまなAPI（各種の機能を利用するためのインターフェイスとなるもの）を管理するページです。いくつかグラフが表示されていますが、まだこれらは空の状態です（まだ使っていませんから当たり前ですね）。

　ページの一番下にある「フィルタ」というところに、「Generative Language API」という項目があるでしょう。これが、Google AI Studioを使うために有効化されたAPIです。これをクリックしてみてください。

図 1-60　APIとサービスの画面。一番下に「Generative Language API」という項目がある。

　Generative Language APIの詳細画面に移動します。ここで、APIを無効にしたりすることができます。APIは基本的に有料ですので、必要なくなったら無効にしておきます。ここでAPIを管理するのですね。

図 1-61 Generative Language APIの画面。

　下の方には、グラフがいくつか表示されます。これは、現時点では何も表示されていないでしょう。しかし、実際にGoogle AI Studioを利用してプログラムなどを動かすようになると、ここにアクセスの状況がグラフ化されて表示されます。これを見て、どのぐらいAPIを使っているのか確認できるのです。

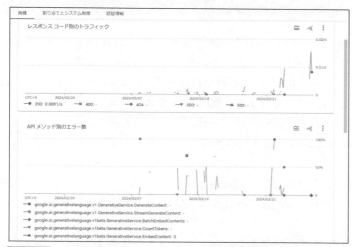

図 1-62 API利用のグラフ。これは、実際にある程度利用した状態のもの。

　また、グラフのさらに下には「メソッド」という表示があり、ここでさまざまなメソッド（GoogleのAIを利用するためのもの）の利用状況が表で表示されます。アクセスした回数、エラーの回数、応答までの平均時間などさまざまな情報がここで得られます。実際にGoogleのAIを活用するようになったら、ここで利用状況をチェックすることになるでしょう。

Chapter 1
Chapter 2
Chapter 3
Chapter 4
Chapter 5
Chapter 6
Chapter 7
Chapter 8

現時点ではGoogle Cloudの詳細を知る必要はありません。ただ、「Google AI Studioも、Google Cloudの上で動いているのだ」ということは知っておきましょう。いずれ本格的に開発を行うようになれば、支払いの設定なども行う必要が生じます。そうなったとき、Google Cloudで課金の設定などを行う必要があるでしょう。

ちょっと試すだけなら、Google Cloudのことは深く考えなくてもOKです。ただし本気で開発を行うつもりなら、これから少しずつGoogle Cloudの使い方について調べていくようにしましょう。

メソッド

メソッド ↑	リクエスト	エラー	平均レイテンシ	99 パーセンタイル レイテンシ
google.ai.generativelanguage.v1.GenerativeService.GenerateContent	148	27.03%	2.751秒	16.411秒
google.ai.generativelanguage.v1.GenerativeService.StreamGenerateContent	33	0	3.442秒	8.282秒
google.ai.generativelanguage.v1beta.GenerativeService.BatchEmbedContents	2	50%	0.098秒	0.26秒
google.ai.generativelanguage.v1beta.GenerativeService.CountTokens	2	0	0.016秒	0.032秒
google.ai.generativelanguage.v1beta.GenerativeService.EmbedContent	324	0	0.169秒	0.261秒
google.ai.generativelanguage.v1beta.GenerativeService.GenerateAnswer	2	100%	0.014秒	0.016秒
google.ai.generativelanguage.v1beta.GenerativeService.GenerateContent	421	14.25%	2.503秒	16.693秒
google.ai.generativelanguage.v1beta.GenerativeService.StreamGenerateContent	27	59.26%	3.394秒	16.211秒
google.ai.generativelanguage.v1beta.ModelService.GetModel	6	0	0.01秒	0.016秒
google.ai.generativelanguage.v1beta.ModelService.ListModels	17	0	0.011秒	0.016秒

図 1-63　メソッドでは、利用したメソッドの情報が表示される。

Google AI Studioの使い方

以上、Google AI Studioの基本的な使い方を一通り説明しました。Google AI Studioは、意外とシンプルなツールです。3つのプレイグラウンドがあり、これらをきちんと使えるようになるのに少し苦労するでしょうが、それさえわかればもう十分に使いこなせるでしょう。

まだ説明していない機能ももちろんあります。それは、モデルのチューニングです。チューニングはモデルに独自の学習データを使って学習させ、カスタマイズすることです。これはもう少しAIの利用に慣れてきてから必要となるものですので、今は知らなくてもまったく問題ありません。

「こんなに簡単にGoogleの最新AIを使えるのか」と思った人。その通り、こんなに簡単に使えるのです。なぜなら、このGoogle AI Studioは、AIを使った開発を行うためのツールに過ぎないのですから。

皆さんの目標は、AIに自分でプログラムを書いてアクセスできるようになることです。Google AI Studioのツールの部分は、その際に必要となるプロンプトの設計などを行うツールです。本当の使いこなしは、実際にプログラミング言語からAPIを利用するようになってからスタートするのです。

では、次章からいよいよAI利用のプログラミングをスタートすることにしましょう。まずは、Webにアクセスするコマンドを使って、API利用の基本的な知識を身につけていくことにしましょう。

curlでAIモデルに
アクセスしよう

Google AI Studio に用意されているモデルにはHTTPで
アクセスすることができます。ここでは「curl」というコマン
ドを使い、AIモデルにアクセスしてみましょう。そして、
HTTPによるアクセスの基本をしっかりマスターしましょう。

Section 2-1　curlの基本

curl って何？

　では、早速Google AI StudioのAPIに外部からアクセスして利用する方法を学んでいきましょう。これにはさまざまなやり方がありますが、一番の基本となるのは「HTTPアクセス」でしょう。

　Google AI StudioのAPIは、RESTとして公開されています。「REST」というのは、Representational State Transferの略で、Webを利用した開発で用いられるアーキテクチャです。特定のURLにHTTPの特定のメソッドでアクセスすることで、データを取得したり、更新や削除などの操作を行うことができる仕組みです。

　HTTPというのはWebサイトなどへのアクセスに用いられるプロトコルで、これはWebにアクセスするプログラムならばすべてのものが対応しています。WebブラウザでWebサイトにアクセスするのも、このHTTPというプロトコルを使って行っているのです。もちろん、ほとんどのプログラミング言語では、このHTTPによるネットワークアクセスのための機能を持っています。

　つまり、RESTでAPIを公開すれば、HTTPアクセスができるすべてのプログラムからAPIを利用できるようになる、というわけです。HTTPアクセスのやり方はどんなプログラムであろうと同じですから、RESTでのアクセスの基本がわかれば、その知識を活用してどんなプログラミング言語からでもアクセスすることができるようになるでしょう。

curlコマンドの基本形

　ここでは、プログラミング言語ではなく、「curl」というプログラムを使ってAPIにアクセスしてみます。curlというのは、ターミナルなどのコマンドラインから実行するコマンドプログラムです。指定のURLにアクセスしてデータなどをダウンロードし取得することができます。curlはWindowsでもmacOSでもLinuxでも用意されているので、プラットフォームを選ばず使うことが可能です。

　curlのもっとも基本的な使い方は以下のようになります。

curl アドレス

　アドレスは、「https://○○」というURLをそのまま指定します。これだけで、指定のURLにアクセスし、そこにあるコンテンツを取得します。

　では、実際にやってみましょう。ここでは、「JSON Placeholder」というWebサイトにアクセスしてみます。このサイトは、アクセスするとさまざまなダミーデータをJSONデータとして返すところです。HTTPアクセスのテストに利用されています。

リスト2-1

```
curl https://jsonplaceholder.typicode.com/posts/1
```

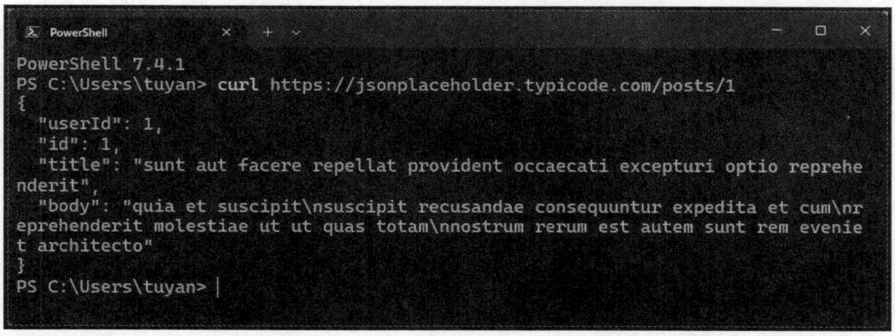

図2-1　curlでアクセスすると、JSONフォーマットのデータが出力される。

　ターミナルやPowerShellなどのコマンドを実行するアプリケーションを起動してください。そして、上記の命令文を記述しEnterします。これでWebサイトにアクセスしてコンテンツをダウンロードし出力します。表示されるデータは、だいたい以下のような形になっているでしょう。

```
{
  "userId": 1,
  "id": 1,
  "title": "……タイトル……",
  "body": "……コンテンツ……"
}
```

　これは、jsonplaceholder.typicode.com/postで配信されているサンプルの投稿データの1つです。/post/番号 という形でアクセスすると、その番号のサンプルデータがJSON形式で出力されます。

　とりあえず、これで「curlで特定のアドレスにアクセスしてデータを出力する」ということができるのはわかりました。

Chapter
1

Chapter
2

Chapter
3

Chapter
4

Chapter
5

Chapter
6

Chapter
7

Chapter
8

 Column

「JSON」って何?

　皆さんの中には、今の説明を読んで「JSON って何だ?」と思った人もいるでしょう。JSON というのは、JavaScript Object Notation の略です。これは JavaScript のオブジェクトをテキストとして記述するのに用意されたフォーマットです。

　もともとは JavaScript で使われていただけですが、複雑な構造のデータをテキストで表すのに適しているため、データのやり取りなどで広く利用されるようになりました。今では、Web ベースで各種のデータを配信しているところの多くが JSON を使っています。

APIにアクセスする

　これで指定のアドレスにアクセスすることができるようになりました。では、Google AI Studio の API にアクセスしてみましょう。API は、以下のようなアドレスとして用意されています。

```
https://generativelanguage.googleapis.com/バージョン/models/モデル:アクション
```

　generativelanguage.googleapis.com というドメインの後に、API のバージョン、モデル名、どういうことを要求するかを示すアクションなどの値をパスとして記述します。Gemini Pro に応答を生成してもらうならば、それぞれの値は以下のようになります。

バージョン	v1beta
モデル	gemini-1.0-pro
アクション	generateContent

　これらをひとまとめにしてアクセスする URL を用意し、curl を使って実際にアクセスをしてみましょう。なお、長くて見づらいため、適時改行して見やすくしてあります。⏎記号のところは、実際には改行せずにそのまま続けて書いてください。

リスト2-2

```
curl https://generativelanguage.googleapis.com/v1beta/models/⏎
  gemini-1.0-pro:generateContent
```

ターミナルなどから、このコマンドを実行してみてください。すると、意外な結果となります。何も表示されずにそのまま終了してしまうのです！

図 2-2 APIにアクセスしても何も表示されない。

ヘッダーとボディのオプション

なぜ、何も表示されなかったのか？ それは「必要な情報が不足していた」からです。APIは、指定のアドレスにアクセスすればそれでいいわけではありません。APIを利用するためにはさまざまな情報が必要であり、それらをすべて用意してやらなければいけないのです。

では、どのような情報が必要となるのでしょうか。以下に整理しましょう。

Chapter 3

●POSTメソッドを使う

普通、WebサイトにWebブラウザなどを使ってアクセスする場合、基本的に「GET」というHTTPメソッドでアクセスをします。メソッドというのは、どういう要求をするのかを示すもので、以下のようなものが用意されています。

GET	リソースを取得する
POST	リソースを追加する
PUT	リソースを置き換える
PATCH	リソースの一部を更新する
DELETE	リソースを削除する

APIは、基本的に「POST」メソッドでアクセスを行うことになっています。これは、curlで利用する場合、以下のようなオプションを用意して設定します。

```
-X POST
```

これを追記することで、POSTメソッドを使ってAPIにアクセスできるようになります。

●APIキーの情報

APIは、どのアカウントからアクセスしたのかがわかるようにAPIキーの情報を送る必要があります。これは、アクセスするアドレスの末尾に以下のように追記をします。

```
https://……略……:generateContent?key=《APIキー》
```

generateContentの後に?key=というようにしてAPIキーを記述します。

●ヘッダー情報

HTTPのアクセスでは、アクセスに関する情報をヘッダー情報として用意します。これは「-H ○○」というようにして記述をします。

APIへのアクセスでは、JSONフォーマットのコンテンツを送受するため、以下のようなオプションを追加しておく必要があります。

```
-H 'Content-Type: application/json'
```

●ボディコンテンツ

POSTでは、送信する情報はボディコンテンツとしてまとめておく必要があります。これは以下のような形でオプションを記述します。

```
-d '……コンテンツ……'
```

これにより、指定したコンテンツがアクセスしたアドレスに送信されます。API側では、そのコンテンツの内容をもとに処理を実行します。

これで必要な情報が一通りわかりました。これらを整理すると、curlコマンドでAPIにアクセスするには、以下のような情報を記述する必要があることがわかります。

```
curl -X POST https://アドレス?key=キー
  -H 'Content-Type: application/json'
  -d '……ボディコンテンツ……'
```

かなりいろいろなオプション情報を用意しなければならないことがわかったでしょう。これをすべて記述することで、APIにアクセスできるようになります。

ボディコンテンツのフォーマット

これで必要なオプション情報はだいたいわかりました。これらの中で、特に注意が必要なのが「ボディコンテンツ」です。

APIでは、ボディコンテンツはJSONフォーマットのコンテンツとして用意する必要があります。これは、ざっと以下のような形になります。

```
{
  "contents": [
    {
      "role": "ロール",
      "parts": [ プロンプト ]
    }
  ],
}
```

意外と複雑な構造になっていますね。送信するデータには「contents」という項目があり、その中にコンテンツ情報が配列としてまとめられています。各コンテンツ情報は、"role"と"parts"という値を持ち、"parts"にはさらに送信するプロンプトの配列が入っています。

重要なのは、"role"と、"parts"内の"text"でしょう。"role"は、そのコンテンツが誰によるものかを示します。通常、ユーザーのプロンプトを送る場合は、"user"と値を指定します。

"parts"内の配列には、プロンプトの情報が用意されます。これは、以下のように記述します。

```
{ "text": "……プロンプト……" }
```

この"text"にプロンプトのテキストを指定すればいいのです。

こうして用意されたJSONデータを1つのテキストにまとめ、それを-dのオプションに指定することで、ボディコンテンツが送れるようになります。

Chapter
1

Chapter
2

Chapter
3

Chapter
4

Chapter
5

Chapter
6

Chapter
7

Chapter
8

Column

コラム 「配列」って何？

ボディコンテンツの説明で「配列」というものが登場しました。これは、プログラミング言語を使ったことがある人ならわかるでしょうが、あまり経験がない人にはよくわからなかったことでしょう。

配列というのは、たくさんの値をひとまとめにしたものです。プログラミング言語では、多数のデータをまとめて扱うことがよくあるので、そういうときに配列は使われます。これは、言語の種類にもよりますが、だいたい以下のような形で記述します。

```
[値1, 値2, ……]
```

[]の中に、値をコンマで区切って記述します。JSONは、JavaScriptのオブジェクトを記述するフォーマットですので、配列もJavaScriptの書き方で記述します。curlで[や]といった記号が出てきたら、「この[から]までの部分が配列だな」と思ってください。

curlでAPIにアクセスする

では、curlを使ってAPIにアクセスをしましょう。以下のようにターミナルなどから実行してください。《APIキー》のところには、それぞれが取得したAPIキーの値を記述してください。

なお、見やすいように適時改行してあります。⏎記号のところは実際には改行せず続けて書いてください。

リスト2-3

```
curl -X POST https://generativelanguage.googleapis.com/v1beta/models/ ⏎
    gemini-1.0-pro:generateContent?key=《APIキー》 ⏎
    -H 'Content-Type: application/json' ⏎
    -d '{ "contents": [ { "role": "user", ⏎
    "parts": [ { "text": "Hi, there!" } ] } ], }'
```

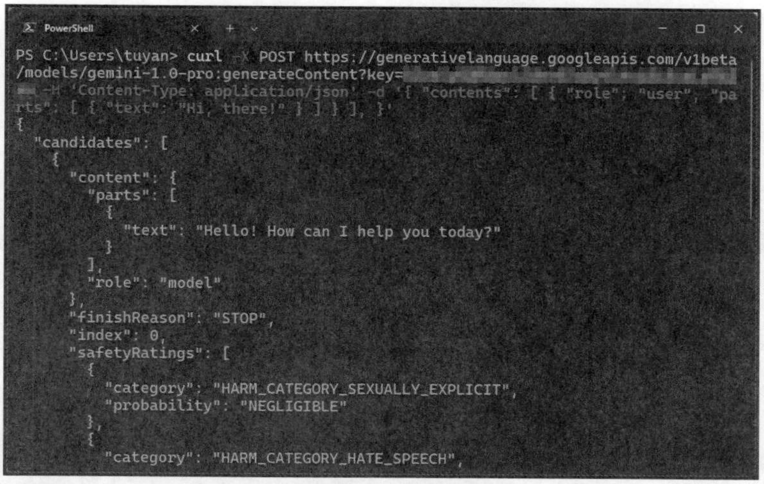

図 2-3 curlにアクセスすると応答が返ってきた。

実行すると、ずらっと長いJSONデータが書き出されます。今度は正常にAPIにアクセスできたようですね。{の後に"contents":〜とあれば、正常にアクセスして応答が得られています。

もし、正常にアクセスできなかった場合は、同じJSONデータでも以下のような内容のものが出力されるでしょう。

```
{
  "error": {
    "code": コード番号,
    "message": "……エラーメッセージ……",
    "status": "ステータス"
  }
}
```

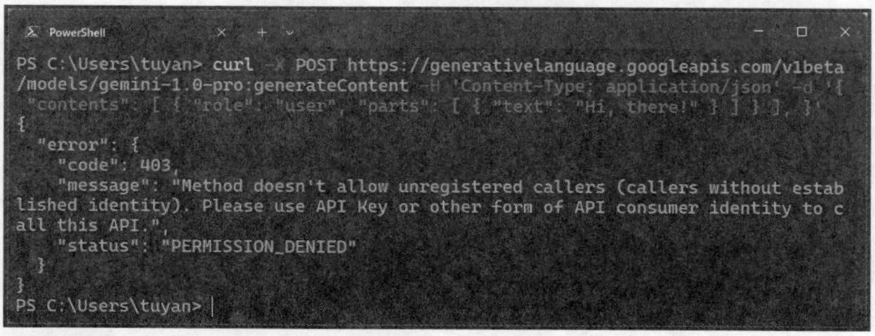

図 2-4 エラー発生時の出力例。

{の後に、"error":〜とあるのですぐにわかるはずです。このような表示になった場合は、

記述の内容をよく確認しましょう。特に、-dのボディコンテンツの部分はシングルクォートとダブルクォート、{}と[]といった記号が混じっていて非常にわかりにくくなっています。注意して記述してください。

APIからの応答を調べる

問題なくAPIにアクセスできたなら、送信したボディコンテンツの内容と、APIからの応答を確認していきましょう。

今回、-dでボディコンテンツに指定した内容は、整理すると以下のようなものでした。

```
{
  "contents": [
    {
      "role": "user",
      "parts": [
        { "text": "Hi, there!" }
      ]
    }
  ],
}
```

つまり、"Hi, there!"というユーザーのプロンプトをAIに送るものだったのですね。これを送信した結果、APIから返された応答は、整理すると以下のようになっています。

```
{
  "candidates": [
    {
      "content": {
        "parts": [ { "text": "……応答テキスト……" } ],
        "role": "model"
      },
      "finishReason": "STOP",
      "index": 0,
      "safetyRatings": [ セーフティレート ]
    }
  ],
  "promptFeedback": {
    "safetyRatings": [ セーフティレート ]
  }
}
```

これが、APIからの応答の基本的な形です。かなりたくさんの要素が含まれていることがわかりますね。簡単に説明しましょう。

APIからの値には、「candidates」と「promptFeedback」の2つの値が含まれています。そしてこれらの中にさらに細かな情報が保管されています。

candidates	これが、AIモデルからの応答の情報をまとめたところです。この中には以下のような値が含まれています。	
	content	応答のコンテンツです。送信したボディコンテンツと同様、"parts"という値に配列があり、その中の"text"に応答のテキストが用意されます。
	finishReason	応答が終了した理由を示します。AIによって終了したなら"STOP"になります。
	index	応答のインデックス番号です。
	safetyRatings	安全性評価の情報です。
promptFeedback	これはプロンプトのフィードバック情報です。送信したプロンプトに関するフィードバッグとして、「safetyRatings」という値が用意されています。これは送信したプロンプトの安全性評価の情報です。	

よくわからないものは後回しにして、とりあえず、candidates内にある「content」の部分だけきちんと理解できれば十分でしょう。

応答から"text"の値だけを取り出す

これで、APIから応答を得ることができました。しかし、膨大な情報が返ってくるため、その中から応答のテキストを探すのは結構大変です。返されたJSONデータの中から、応答のテキストだけを取り出すことはできないのでしょうか。

これは、別のコマンドをつなげて実行することで可能です。先ほど実行したcurlの命令文の末尾に、以下の値を追記してみましょう。

●Windowsの場合

```
findstr "text"
```

●macOS/Linuxの場合

```
grep "text"
```

これらを追記することで得られたコンテンツのテキストから"text"という部分を探し出し、その値を取り出して出力できます。

図 2-5 "text"の部分だけを取り出し出力させる。

APIとエンドポイント Column

　　APIは、特定のURLを公開し、それにアクセスすることでさまざまな機能が利用できるようになります。この「APIとして公開されているURL」は、一般に「エンドポイント」と呼ばれます。

Section 2-2　APIで使える機能

Chapter 1
Chapter 2
Chapter 3
Chapter 4
Chapter 5
Chapter 6
Chapter 7
Chapter 8

安全性評価について

　curlでAPIアクセスの基本は行えるようになりました。curlでAPIを利用する機能には、まだ説明していないものもいくつかあります。それらについて補足していきましょう。
　まずは「安全性評価(Safety Rating)」についてです。

　APIからの応答には、"safetyRatings"というものがありました。これは、応答が保管される"candidates"内と、送信したプロンプトのフィードバックである"promptFeedback"の両方に用意されていましたね。
　この"safetyRatings"は、プロンプトと応答の安全性をチェックした値です。AIモデルでは、さまざまな有害情報に対応するため、コンテンツの安全性評価を行っています。"safetyRatings"は、その評価の結果をまとめてあるところです。
　この"safetyRatings"は、以下のようになっています。

```
"safetyRatings": [
  {
    "category": "HARM_CATEGORY_SEXUALLY_EXPLICIT",
    "probability": 評価
  },
  {
    "category": "HARM_CATEGORY_HATE_SPEECH",
    "probability": 評価
  },
  {
    "category": "HARM_CATEGORY_HARASSMENT",
    "probability": 評価
  },
  {
    "category": "HARM_CATEGORY_DANGEROUS_CONTENT",
    "probability": 評価
```

```
    }
  ]
```

　"safetyRatings"は配列になっており、4つの値がまとめられています。各値は、"category"にカテゴリが指定され、"probability"に評価が用意されます。"category"に指定されるカテゴリは以下の4つです。

HARM_CATEGORY_SEXUALLY_EXPLICIT	露骨な性的表現
HARM_CATEGORY_HATE_SPEECH	ヘイトスピーチ
HARM_CATEGORY_HARASSMENT	各種のハラスメント
HARM_CATEGORY_DANGEROUS_CONTENT	危険なコンテンツ

　各カテゴリに用意される評価の値は、以下のいずれかになります。

HARM_PROBABILITY_UNSPECIFIED	確率が指定されていない
NEGLIGIBLE	安全でない可能性はごくわずか
LOW	安全でない可能性は低い
MEDIUM	安全でない可能性がある
HIGH	安全でない可能性が高い

　これらの内容をチェックすることで、送信したプロンプトと生成された応答がどの程度安全かを確認することができます。

安全性の設定を行う

　この安全性評価は、単に結果を確認するだけではありません。各カテゴリについて、どの程度厳しく(あるいは緩く)チェックを行うかを指定することもできます。
　この安全性設定は、ボディコンテンツに以下のような形で値を追記します。

```
{
  "contents": [……略……],
  "safetySettings": [……安全性の設定……]
}
```

　"safetySettings"には、配列の形で各カテゴリの設定を記述していきます。カテゴリ名は、

先に"safetyRatings"で出てきたものと同じです。ただし設定する値は微妙に違います。

"safetySettings"の内容を整理すると、以下のようになるでしょう。

```
"safetySettings": [
  {
    "category": "HARM_CATEGORY_HARASSMENT",
    "threshold": 設定
  },
  {
    "category": "HARM_CATEGORY_HATE_SPEECH",
    "threshold": 設定
  },
  {
    "category": "HARM_CATEGORY_SEXUALLY_EXPLICIT",
    "threshold": 設定
  },
  {
    "category": "HARM_CATEGORY_DANGEROUS_CONTENT",
    "threshold": 設定
  }
]
```

"category"にカテゴリ名を指定し、"threshold"というところに設定する値を記述します。この設定する値は、以下のいずれかになります。

HARM_BLOCK_THRESHOLD_UNSPECIFIED	しきい値を指定しない
BLOCK_LOW_AND_ABOVE	NEGLIGIBLEを許可
BLOCK_MEDIUM_AND_ABOVE	NEGLIGIBLE/LOWを許可
BLOCK_ONLY_HIGH	NEGLIGIBLE/LOW/MEDIUMを許可
BLOCK_NONE	すべてを許可

これらを指定することで、"safetyRatings"で評価された値をチェックし、安全でないと判断されたコンテンツをブロックするようになります。

では、実際に安全性の設定を行った例を挙げておきましょう。今回は非常に長い命令文になります。実行する場合は書き間違えないように注意してください。これも見やすくするため適時改行してあります。↲の部分は実際には改行せず続けて書いてください。また《APIキー》には各自のAPIキーを指定してください。

リスト2-4

```
curl -X POST https://generativelanguage.googleapis.com/v1beta/models/
    gemini-1.0-pro:generateContent?key=《APIキー》
    -H 'Content-Type: application/json'
    -d '{ "contents": [
      { "role": "user", "parts": [ { "text": "Hi, there!" } ] } ],
      "safetySettings": [
        {"category": "HARM_CATEGORY_HARASSMENT",
        "threshold": "BLOCK_MEDIUM_AND_ABOVE" },
        { "category": "HARM_CATEGORY_HATE_SPEECH",
        "threshold": "BLOCK_MEDIUM_AND_ABOVE" },
        { "category": "HARM_CATEGORY_SEXUALLY_EXPLICIT",
        "threshold": "BLOCK_MEDIUM_AND_ABOVE" },
        { "category": "HARM_CATEGORY_DANGEROUS_CONTENT",
        "threshold": "BLOCK_MEDIUM_AND_ABOVE" }
      ] }' | findstr "text"
```

```
PS C:\Users\tuyan> curl -X POST https://generativelanguage.googleapis.com/v1beta/
models/gemini-1.0-pro:generateContent?key=
-H 'Content-Type: application/json' -d '{ "contents": [ { "role": "user", "parts
": [ { "text": "Hi, there!" } ] } ], "safetySettings": [ { "category": "HARM_CATE
GORY_HARASSMENT", "threshold": "BLOCK_MEDIUM_AND_ABOVE" }, { "category": "HARM_CA
TEGORY_HATE_SPEECH", "threshold": "BLOCK_MEDIUM_AND_ABOVE" }, { "category": "HARM
_CATEGORY_SEXUALLY_EXPLICIT", "threshold": "BLOCK_MEDIUM_AND_ABOVE" }, { "categor
y": "HARM_CATEGORY_DANGEROUS_CONTENT", "threshold": "BLOCK_MEDIUM_AND_ABOVE" } ]
}' | findstr "text"
  % Total    % Received % Xferd  Average Speed   Time    Time     Time  Current
                                 Dload  Upload   Total   Spent    Left  Speed
100  1644    0  1198  100   446    567    211  0:00:02  0:00:02 --:--:--    779
               "text": "Hello! How may I help you?"
PS C:\Users\tuyan>
```

図 2-6　実行すると、安全性の設定に基づいてコンテンツが評価されるようになる。

　ここでは、すべてのカテゴリの設定を"BLOCK_LOW_AND_ABOVE"にしておきました。実際にアクセスして応答が得られたら、BLOCK_LOW_AND_ABOVEの値をいろいろと変更して応答を確かめていきましょう。

パラメータの設定

　プレイグラウンドを利用したとき、応答の生成に影響を与えるパラメータがいくつか用意されていましたね。これらは、HTTPアクセスの場合でも指定することができます。
　パラメータの値は"generationConfig"という値として用意します。これは以下のようになります。

```
{
  "contents": [……略……],
  "generationConfig": {……パラメータの設定……},
  "safetySettings": [……略……]
}
```

"contents"の値とは別に、"generationConfig"という項目を用意してそこにパラメータの設定を記述します。ここには各パラメータ名と値を以下のような形で記述していきます。

```
"generationConfig": {
  "temperature": 値,
  "topK": 値,
  "topP": 値,
  "maxOutputTokens": 値,
  "stopSequences": [ 配列 ]
},
```

これらは、すべて用意する必要はありません。必要な項目だけ記述すればいいのです。省略した場合、そのパラメータにはデフォルトの値が設定されます。

■ パラメータを指定してアクセスする

では、実際の利用例を挙げておきましょう。例によって、⏎の部分は実際には改行せず、続けて記述してください。また《APIキー》には各自のAPIキーを指定してください。

リスト2-5

```
curl -X POST https://generativelanguage.googleapis.com/v1beta/models/⏎
    gemini-1.0-pro:generateContent?key=《APIキー》⏎
    -H 'Content-Type: application/json' ⏎
    -d '{ "contents": [ { "role": "user", ⏎
    "parts": [ { "text": "Hi, there!" } ] } ], ⏎
    "generationConfig": { "temperature": 0.9,"topK": 1,"topP": 1,⏎
    "maxOutputTokens": 2048, "stopSequences": [] },}' | findstr "text"
```

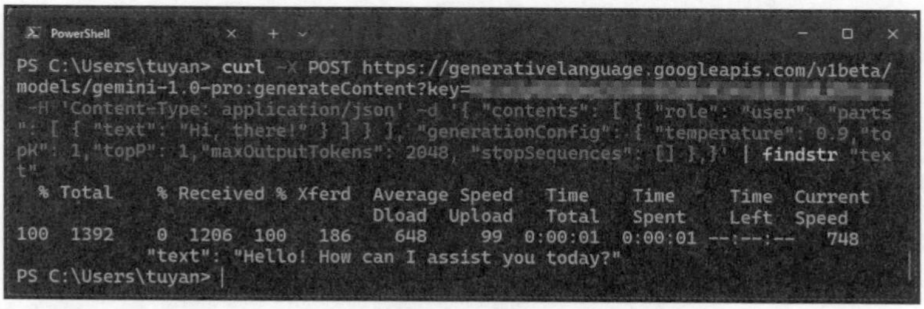

図 2-7 実行するとパラメータを指定してAPIにアクセスする。

　これで、パラメータを指定してAPIにアクセスし、応答を出力します。"contents"[……],
という記述の後に、"generationConfig": {……} という形でパラメータが用意されているの
がわかるでしょう。

　パラメータを指定することで、応答の正確さや創造性を調整することができます。いろい
ろと値を調整して試してみましょう。

コラム　キャメル記法について　　　　　　　　　　　　　　　　　Column

　curlで使うパラメータの名前は、例えば「maxOutputTokens」というように各単語
の1文字目を大文字にして1つにつなげた書き方をします。このような書き方は一
般に「キャメル記法」と呼ばれます。キャメル記法は、curlのパラメータ類の基本的
な書き方になっています。

構造化プロンプトを送る

　ここまでのプロンプトは、基本的に1つのテキストを送信するだけのものでした。これは、
フリーフォームで書いたテキストを送信するような形になるでしょう。しかし、Google AI
Studioにはその他のプロンプトも用意されていました。

　例えば、構造化プロンプトでは、サンプルのやり取りを用意して送信できました。これは、
どのように用意すればいいのでしょうか。例えば、構造化プロンプトで以下のような例を作
成したとします。

INPUT	こんにちは。あなたは誰ですか？
OUTPUT	私はハナコ。34歳の会社員です。

　その上で、「あなたの好きなものは何ですか？」といったプロンプトを送信するとしましょ
う。このような構造化プロンプトは、実際にはどのように送ればいいのでしょうか。

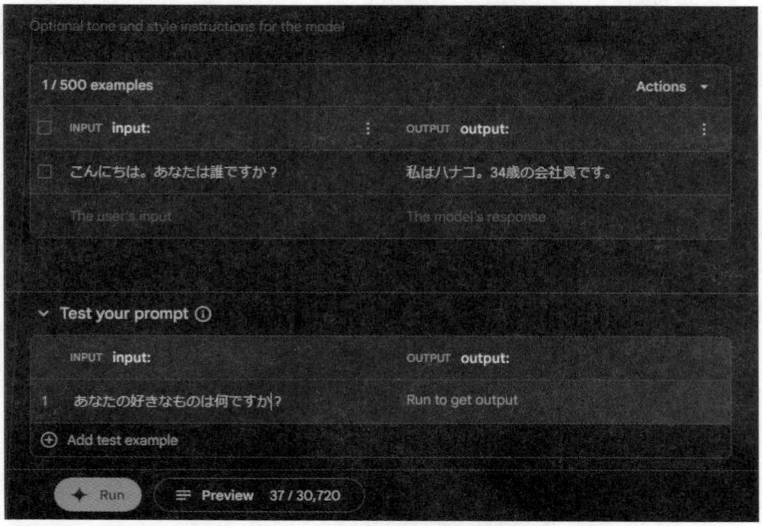

図 2-8 構造化プロンプトでサンプルの応答を作成した例。

構造化プロンプトの contents

こうしたサンプルのやり取りは、"contents"の中の"parts"に用意します。この"parts"の値は配列になっており、複数の値を保管できるようになっていました。

例えば、先ほどの構造化プロンプトの例を"contents"に記述するならば、おそらく以下のようになるでしょう。

```json
"contents": [
  {
    "role": "user",
    "parts": [
      {
        "text": "input: こんにちは。あなたは誰ですか？ "
      },
      {
        "text": "output: 私はハナコ。34歳の会社員です。"
      },
      {
        "text": "input: あなたの好きなものは何ですか？ "
      },
      {
        "text": "output: "
      },
    ]
  }
```

```
],
```

　"parts"の配列内に、サンプルのプロンプトのやり取りが用意されているのがわかります。これらは、"input: ○○"、"output: ○○" というように冒頭にラベルをつけてユーザーとAIモデルのやり取りがわかるようにしてあります。

　そして最後に"text": "output: " というようにAIモデルからの出力ラベルだけをつけて終わりにしています。こうすることで、AIはこの「output:」の後に続くテキストを生成する(すなわち、AIからの応答が生成される)ようになるわけです。

　構造化プロンプトというと、非常に難しそうな感じがしましたが、要は「"parts"の配列にやり取りのテキストを用意しておく」というだけのものだったのですね。

構造化プロンプトを使う

　では、実際に構造化プロンプトをAPIに送る例を挙げておきましょう。例によって、⏎は実際には改行せず続けて書いてください。また《APIキー》には各自の取得したAPIキーを指定してください。

リスト2-6

```
curl -X POST https://generativelanguage.googleapis.com/v1beta/models/⏎
  gemini-1.0-pro:generateContent?key=《APIキー》⏎
  -H 'Content-Type: application/json' ⏎
  -d '{ "contents": [ { "role": "user", "parts": [ ⏎
  { "text": "input: こんにちは。あなたは誰ですか？" },⏎
  { "text": "output: 私はハナコです。34歳の会社員です。" },⏎
  { "text": "input: あなたの好きなものは何ですか？" },⏎
  { "text": "output: " } ] } ], }'
```

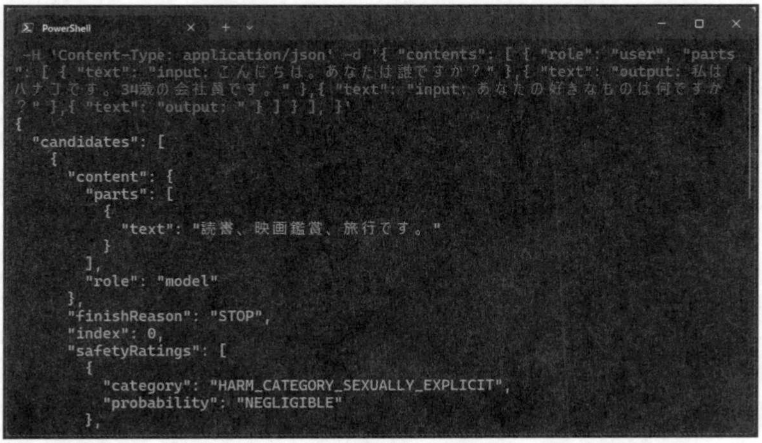

図2-9　構造化プロンプトを送信し応答を得る。

　これを実行すると、日本語で応答が返ってくるでしょう。ここでは、"contents" の "parts" の配列に以下のような値を用意してあります。

```
{ "text": "input: こんにちは。あなたは誰ですか？" },
{ "text": "output: 私はハナコです。34歳の会社員です。" },
{ "text": "input: あなたの好きなものは何ですか？" },
{ "text": "output: " }
```

　先ほどの構造化プロンプトの例を思い浮かべてください。同じ形でプロンプトが作られているのがわかりますね。

　ここでは 1 組のサンプル＋質問のプロンプトという形ですが、サンプルはいくつでも用意することができます（少数ショット学習というものでしたね）。サンプルが多くなるほど応答の精度は上がります。

チャットの履歴を指定する

　構造化プロンプトによるやり取りはわかりました。では、チャットでやり取りの履歴を追加する場合はどうなるのでしょうか。

　プレイグラウンドのチャットでは、ユーザーと AI が交互に会話をしていきます。その履歴はチャットのエリアに残されていました。この「それまで会話した履歴」は、実は非常に重要です。この会話の履歴を踏まえて、チャットは次の応答を生成します。

　curl のように、1 回だけ AI にアクセスをして応答を得る場合、送信するプロンプトだけしか情報がありません。チャットのように、会話の流れを踏まえて応答を得たいなら、会話の履歴を一緒に送ってやらないといけません。

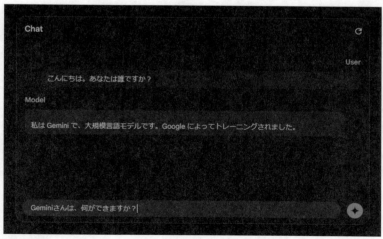

図 2-10　チャットではユーザーと AI が交互に会話し、その履歴が残される。

▌チャットの履歴をcontentsに用意する

　チャットでも、それまでの会話の履歴をつけてAIに送ることができます。ただし、やり方は構造化プロンプトとは少し違います。例えば、チャットでこのような会話を考えてみましょう。

> ユーザー：こんにちは。あなたは誰ですか？
> AI：私はハナコです。34歳の会社員です。
> ユーザー：ハナコさんは、どんな仕事をしていますか。

　このような会話の履歴を持った状態でAIにプロンプトを送信する場合、どのように"contents"を用意したらいいのでしょうか。これは、以下のような形になるでしょう。

```
"contents": [
  {
    "role": "user",
    "parts": [
      {
        "text": "こんにちは。あなたは誰ですか？"
      }
    ]
  },
  {
    "role": "model",
    "parts": [
      {
        "text": "私はハナコです。34歳の会社員です。"
      }
    ]
  },
  {
    "role": "user",
    "parts": [
      {
        "text": "ハナコさんは、どんな仕事をしていますか。"
      }
    ]
  }
],
```

　"contents"内に会話の履歴のデータを必要なだけ用意しているのがわかります。それぞれのデータには、"role"と"parts"があります。"role"では、ユーザーからのプロンプトは

"user"、AI からの応答は "model" という値が設定されています。これにより、その発言が誰のものかを識別するようになっているのです。

curl でチャットの履歴を送る

では、curl コマンドを使ってこれらの会話の履歴を持ったまま API にプロンプトを送信しましょう。先ほどのチャット履歴を送ってみます。例によって↵は改行せず続けて書き、《APIキー》には各自の取得した API キーを指定します。

リスト2-7

```
curl -X POST https://generativelanguage.googleapis.com/v1beta/models/↵
  gemini-1.0-pro:generateContent?key=《APIキー》↵
  -H 'Content-Type: application/json'↵
  -d '{ "contents": [ { "role": "user", "parts": [ ↵
  { "text": "こんにちは。あなたは誰ですか？" } ] },↵
  { "role": "model", "parts": [ { "text": "私はハナコです。↵
  34歳の会社員です。" } ] }, { "role": "user", "parts": [↵
  { "text": "ハナコさんは、どんな仕事をしていますか。" } ] } ], }'
```

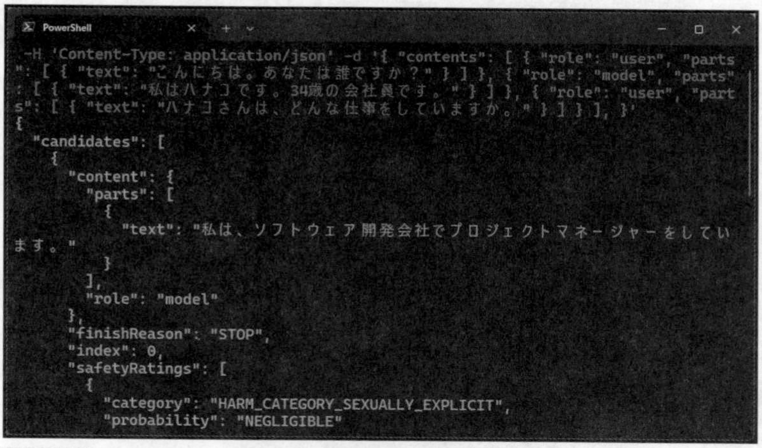

図2-11 実行すると会話履歴が送られ応答が返る。

このようになりました。"contents" の書き方が構造化プロンプトとは微妙に違っているので注意してください。先ほどの "contents" の記述とコードを見比べながら記述内容を理解しましょう。

モデルの一覧を得る

　プロンプトを送って応答を得るというのがAIモデル利用の基本ですが、それ以外のことができないわけではありません。他にもいろいろな機能がAPIとして提供されています。

　覚えておきたいのが「モデル情報」に関する機能です。Google AI Studioでは、Gemini Pro以外にも利用できるモデルがあります。では、どのようなモデルが利用可能なのか。それを調べるためのAPIが用意されています。

　このAPIのエンドポイントは以下になります。

```
https://generativelanguage.googleapis.com/バージョン/models
```

　バージョンは、2024年3月時点では「v1beta」を指定すればいいでしょう。このエンドポイントには、GETメソッドでアクセスを行います。curlでアクセスするコードは以下のようになります。なお↵は改行せず、《APIキー》には各自のAPIキーを指定します。

リスト2-8

```
curl https://generativelanguage.googleapis.com/v1beta/↵
　models?key=《APIキー》
```

```
"models": [
  {
    "name": "models/chat-bison-001",
    "version": "001",
    "displayName": "PaLM 2 Chat (Legacy)",
    "description": "A legacy text-only model optimized for chat conversations",
    "inputTokenLimit": 4096,
    "outputTokenLimit": 1024,
    "supportedGenerationMethods": [
      "generateMessage",
      "countMessageTokens"
    ],
    "temperature": 0.25,
    "topP": 0.95,
    "topK": 40
  },
  {
    "name": "models/text-bison-001",
    "version": "001",
    "displayName": "PaLM 2 (Legacy)",
    "description": "A legacy model that understands text and generates text as
an output",
    "inputTokenLimit": 8196,
    "outputTokenLimit": 1024,
    "supportedGenerationMethods": [
      "generateText",
      "countTextTokens",
      "createTunedTextModel"
    ],
    "temperature": 0.7,
    "topP": 0.95,
    "topK": 40
  },
```

図2-12 APIにアクセスし、モデル情報のリストを得る。

これを実行すると、APIから利用可能なモデルの情報がまとめて出力されます。かなりの長さの出力になりますが、これは利用可能なモデル1つ1つについて詳しい情報が出力されるためです。

特定モデルデータ

どのようなモデルが利用できるかわかったら、モデル名で情報を取り出す方法も覚えておきましょう。これはエンドポイントが変わります。

```
https://generativelanguage.googleapis.com/バージョン/models/モデル
```

/models/の後に、調べたいモデル名を指定すれば、そのモデルの情報だけを出力するようになります。では、これも試してみましょう。⏎は改行せず、《APIキー》には各自のAPIキーを指定してください。

リスト2-9

```
curl https://generativelanguage.googleapis.com/v1beta/models⏎
    /gemini-pro-vision?key=《APIキー》
```

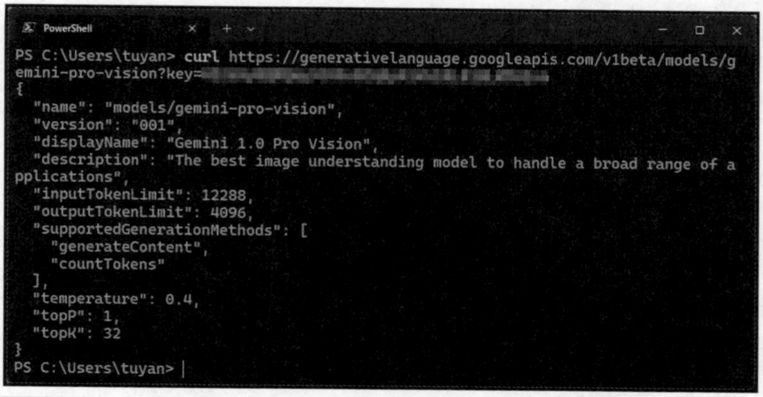

図 2-13　アクセスすると、Gemini Pro Vision のモデル情報を出力する。

これを実行すると、gemini-pro-visionのモデル情報が出力されます。エンドポイントのURLに指定するモデル名を変更することで、どのモデルの情報も簡単に取り出せます。

取得したモデルデータ

では、このAPIで得られるモデル情報とはどのようなものでしょうか。Gemini Pro Visionのモデル情報を見ると、以下のようになっているのがわかります。

```
{
    "name": "models/gemini-pro-vision",
    "version": "001",
    "displayName": "Gemini 1.0 Pro Vision",
    "description": "The best image understanding model …略…",
    "inputTokenLimit": 12288,
    "outputTokenLimit": 4096,
    "supportedGenerationMethods": [
        "generateContent",
        "countTokens"
    ],
    "temperature": 0.4,
    "topP": 1,
    "topK": 32
}
```

　思った以上に多くの値が用意されていることがわかりますね。ここに用意される各値がどのようなものか、簡単に説明しておきます。

"name"	モデル名。"models/gemini-pro-vision"が正式名称
"version"	モデルのバージョン
"displayName"	モデルの表示名
"description"	モデルの簡単な説明
"inputTokenLimit"	モデルが受け取れるプロンプトの最大トークン数
"outputTokenLimit"	モデルが生成できる応答の最大トークン数
"supportedGenerationMethods"	サポートされている生成メソッド
"temperature"	デフォルトの温度の値
"topP"	デフォルトの上位Pの値
"topK"	デフォルトの上位Kの値

　名前だけでなく、入出力できるトークンの最大数やパラメータのデフォルト値などまで用意されていることがわかります。

　モデルを利用するとき、最大トークン数やパラメータのデフォルト値などのパラメータは必要になることが多いものです。こうした情報も、APIを利用して簡単に得られる、ということは知っておきましょう。

トークン数を調べる

　もう1つ、APIの機能として「トークン数の計算」も覚えておきましょう。AIモデルでは、送信するプロンプトと生成する応答のトークン数が重要になります。最大トークン数を超えるプロンプトを受け付けたり、応答を生成することはできません。

　ただ、このトークンというもの、特に日本語ではイメージしにくいでしょう。英語の場合、トークンはだいたい「1トークン＝1単語」というイメージになりますが、日本語の場合、「1トークン＝1文字」の場合もあれば、学習済みの単語などは「1単語＝1トークン」として扱われたりします。

　そこでAPIには、用意したテキストのトークン数がいくつか調べる機能が用意されています。これは以下のようなエンドポイントになります。

```
https://generativelanguage.googleapis.com/v1beta/models/モデル:countTokens
```

　アクセスはPOSTメソッドで行います。このエンドポイントに、ボディコンテンツとして"contents"にプロンプトの情報を記述したものを用意して送信すれば、そのプロンプトのトークン数を計算し表示します。

トークン数を調べる

　では、実際に簡単なプロンプトを用意して、そのトークン数を調べてみましょう。以下のようにcurlコマンドを実行してみてください。例によって⏎は改行せず、《APIキー》にはAPIキーを指定します。

リスト2-10

```
curl -X POST https://generativelanguage.googleapis.com/v1beta⏎
  /models/gemini-1.0-pro:countTokens?key=《APIキー》⏎
  -H 'Content-Type: application/json' -d '{ "contents": [⏎
    { "role": "user", "parts": [ { "text": "こんにちは。⏎
      生成AIについて教えてください。" } ] }, ], }'
```

図 2-14 実行するとプロンプトのトークン数を計算し表示する。

　これを実行すると、「こんにちは。生成 AI について教えてください。」というプロンプトのトークン数を計算して表示します。おそらく以下のような結果が表示されたでしょう。

```
{
    "totalTokens": 9
}
```

　プロンプトのトークン数は「9」になります。「どう数えれば9になるんだ？」と不思議に思ったかもしれませんね。おそらく、Gemini Pro では以下のようにテキストをトークン化しているでしょう。

|こんにちは|。|生成|AI|に|ついて|教えて|下さい|。|

　Gemini Pro では日本語の単語も多数学習しているため、トークンとして認識できるようになっています。つまり、モデルによっては、同じテキストでもトークン数が違ってくることもあります。

　テキストのトークン数がわかれば、「もう少し短くした方がいいかも」「もっと長い文章を送れるな」というようにプロンプトの調整もできます。トークンは非常にわかりにくいものなので、トークン数を調べて「だいたいこのぐらいの値になる」という感覚を身につけていきましょう。

PythonでAIモデルを
利用しよう

Pythonは、AIを利用する際にもっとも利用されるプログラミング言語です。まずはPythonを使って、GoogleのAIモデルを利用する方法を学びましょう。ここではrequestsでHTTPアクセスを使う方法と、Generative AIパッケージを使う方法について説明します。

Section 3-1 Colaboratoryを使おう

Pythonを使うには？

　Google AI StudioのAPIは、さまざまなプログラミング言語から利用することができます。まずは、「Python」での利用について説明しましょう。

　Pythonは、AIの分野でもっとも広く利用されている言語でしょう。AI関連のさまざまなライブラリなどがPython用に提供されていることもあって、「AIをやるならPython」という流れが自然とできあがって来ました。「Pythonを学びたい」という人の大半が「AIを利用したい」と考えていることからも両者の緊密さが伺えますね。

　では、Pythonを使ってGoogle AI StudioのAPIを利用するには、どういうものを準備すればいいのでしょうか。

●Pythonの知識

　まず、何より必要となるのは「Pythonの知識」でしょう。Pythonを使ってAIにアクセスするには、当たり前ですがPythonという言語の使い方を知らないといけません。

　本書は、Pythonの基本的な知識はわかっているものとして説明を行います。ごく基本的な部分（値や変数、基本的な制御構文、printなどよく使われる関数など）は理解しており、簡単なコードぐらいは書けるという前提で説明をします。こうした初歩的な部分については特に説明はしません。「まったくPythonを知らない」という人は、まずPythonの基礎を学習してから読むようにしてください。

●Pythonの実行環境

　もう1つ必要となるのが、「Pythonの実行環境」です。Pythonのコードを実行するプログラムがないとPythonは動きません。

　一昔前ならば、「まず、Pythonのソフトウェアをダウンロードし、インストールしてください」と説明をするところです。PCにソフトウェアをインストールし、エディタなどでPythonのコードを書いて動かす、というのがもっともスタンダードな使い方だったのですから。

しかし、時代は変わります。今、Pythonを利用するのに、Pythonのソフトウェアをインストールする必要はありません。もっと手軽にPythonを利用することができます。それは、「Google Colaboratory」を使うのです。

Google Colaboratory について

Google Colaboratory（以後、Colabと略）は、Googleが提供するPythonの実行環境です。これはWebベースで提供されており、WebブラウザでアクセスするだけでPythonのコードを書いて実行することができます。

まずは、以下のURLにアクセスしてください。

```
colab.research.google.com
```

ノートブックを開く

アクセスすると、画面に「ノートブックを開く」というパネルが現れます。「ノートブック」というのは、Colabで作成したファイルのことです。Colabは、このノートブックというファイルを作り、そこにPythonのコードなどを記述していきます。

初めてアクセスしたときには、まだ何もノートブックはありませんが、「Colaboratoryへようこそ」というファイルが表示されているでしょう。これは、Colabのリードミー的なファイルです。

では、新しいノートブックを作成しましょう。パネル左下にある「ノートブックを新規作成」というボタンをクリックしてください。これで新しいノートブックが作成されます。

図 3-1 「ノートブックを開く」パネル。

ノートブックの基本操作

　ノートブックが開かれると、図3-2のような画面になります。これが、Colabの基本画面といえます。

　Colabの画面は、最上部にファイル名が表示され、その下に「ファイル」などのメニューが表示されます。そしてその下に、以下のようなものが表示されています。

アイコンバー	左端に縦にアイコンが並んでいます。これはColabに用意されているさまざまなツールを開くためのものです。
ツールバー	メニューバーの下に「テキスト」「コード」「接続」といった項目が横一列に並んだバーのようなものがあります。これはColabの「セル」や「ランタイム」というものに関するツールを呼び出すためのものです。
下部の広いエリア	画面の中でもっとも広いエリアです。最上部に、1行だけテキストを書くエディタのようなものがあります。これは「セル」と呼ばれるもので、Pythonのコードを記述します。このセルをいくつも作成してコーディングを行います。

図 3-2　Colabの画面。

■ セルを使おう

　Colab操作の基本は「セル」です。デフォルトで、細長いテキストを記入するエリアが作成されていますね。これが「セル」です。セルには「コードセル」と「テキストセル」がありますが、デフォルトで用意されているのは「コードセル」です。

　コードセルは、コードを記述し実行するためのものです。テキストセルは、テキストを記述するためのものです。Colabでは、この2種類のセルを作成することができます。ただし、本書で使うのはコードセルのみです。

図 3-3 デフォルトで用意されているコードセル。

　では、セルを使ってみましょう。セルのエリアをクリックし、以下のようにコードを記述してください。

リスト3-1

```
print("Hello World!")
```

　記述したら、左端にある「▶」アイコンをクリックしてください。コードが実行され、下に「Hello World!」と表示されます。Colabは、このように「セルにコードを書いて実行するとその下に結果が表示される」という働きをします。

```
print("Hello World!")
Hello World!
```

図 3-4 コードを書いて実行すると結果が下に表示される。

ランタイムについて

　「▶」アイコンをクリックして実行したとき、実行されるまで意外に時間がかかったはずです。これは、ランタイムの起動を行っていたためです。

　Colabは、Webページの中でPythonのコードを実行しているわけではありません。Colabは、Webブラウザに表示されるページと、Googleのクラウドにあるランタイムの2つで構成されます。

　ランタイムは、Pythonを実行するために用意された小さな仮想環境です。セルを実行すると、セルに書かれたコードが接続しているランタイムに送られ、そこでPythonのコードを実行しているのです。そして実行結果が得られるとそれがColabのページに返送され、それを受け取って表示していたのです。

　このランタイムは、必要に応じて自動的に起動されます。コードを実行したとき、まだ接続されたランタイムがないと、新しいランタイムを起動して接続し、そこにコードを送ります。

　ランタイムの起動には少し時間がかかります。このため、初めてコードを実行したときは結果が出るまで少し待たされたのです。一度ランタイムが起動すると、しばらくは起動した

ままになるため、2回目以降のコードの実行はもっと素早く行えるようになります。

　ランタイムの状況は、右上に見えるランタイムの表示で確認できます。右上に「接続」という表示が見えたら、まだランタイムは動いていません。ここに「RAM」「ディスク」と書かれた小さなグラフのようなものが見えれば、ランタイムが実行中です。この表示は、ランタイムに割り当てられたメモリとディスクスペースの使用状況を表しています。

図 3-5　「接続」がミニグラフに変わったらランタイムが接続されている。

コードセルを作る

　Pythonのコードはコードセルに記述をしますが、このコードセルはいくつでも作ることができます。
　先ほど使ったセルの下部中央辺りにマウスポインタを移動すると、「コード」「テキスト」といったボタンが現れます。この「コード」ボタンをクリックすると、その下に新しいセルが作成されます。また画面の上部にあるツールバーの「コード」ボタンをクリックしても新しいセルを作成できます。

図 3-6　「コード」ボタンをクリックすると新しいセルを作成できる。

Colab AI について

　Colabには、「Colab AI」という AI 機能が組み込まれています。これは、有料版の Colabのみに提供されていたのですが、現在は期間限定で無料版の Colab からも利用できるようになっています。ただし、「リソースに余裕があれば」という条件付きで機能提供されているた

め、リソースが逼迫すると終了する可能性もあります。「今のところは使える」ぐらいに考え
てください。

このColab AIには、大きく2つの機能があります。1つはチャット機能、もう1つはコー
ドの自動生成機能です。

まず、チャット機能から説明しましょう。これは右上にある「Colab AI」というボタンを
クリックするだけです。これで画面の右側にColab AIのチャットパネルが開かれ、そこで
プログラミングに関する質問をすることができます。

Colab AIで使われているのは2024年4月の段階ではまだGemini Proにはなっていない
ようで、その1つ前のPaLM 2のコード用モデル（Codey）が使われているようです。

図 3-7 「Colab AI」ボタンをクリックするとAIチャットパネルが開かれる。

では、試しに質問をしてみましょう。「1000以下の友愛数を計算するコードは？」と書い
て実行してみました。友愛数というのは、ある数字の約数の和がもう1つの数字と等しくな
る一対の値です。これを計算で調べるコードを尋ねてみました。

プロンプトを送信すると、ほとんど待つことなくPythonのコードが出力されました。そ
の下には簡単な説明もされています（ただし、英語ですが）。非常に簡単にコードが生成され
てしまうのに驚くでしょう。

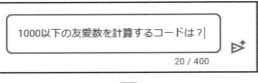

図 3-8　質問を送ると即座にコードが生成される。

生成されたコードをセルで実行する

チャットで生成されたコードは、そのままノートブックにセルを作って実行することができます。リストの右上に2つのアイコンが表示されているのがわかるでしょう。左側が「コピー」アイコン、右側が「コードセルを追加」アイコンです。

右側のアイコンをクリックすると、そのリストのコードを記述したセルが自動作成されます。

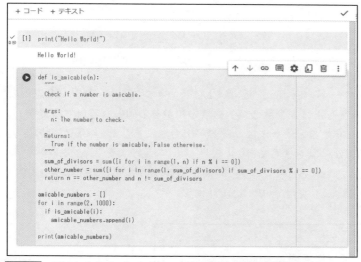

図3-9 リストのアイコンをクリックするとセルが自動生成される。

　そのまま、セルの「▶」アイコンをクリックしてコードを実行してみましょう。問題なくコードが実行できれば、下部に友愛数([220, 284])が表示されます。

　Colab AIは万能ではなく、ときには実行するとエラーになってしまうこともあります。しかし、それほど複雑なものでなければ、ほぼ問題なくコードが生成されます。

```
[220, 284]
```

図3-10 実行すると友愛数を表示した。

セルのコードを自動生成する

　もう1つのColab AIの機能は、セルに直接コードを生成するものです。新しいセルを作成すると、そこに「コーディングを開始するか、AIで生成します」というテキストがうっすらと表示されるでしょう。この「生成」部分のリンクをクリックすると、セルにプロンプトを入力するフィールドが追加されます。

Chapter 1
Chapter 2
Chapter 3
Chapter 4
Chapter 5
Chapter 6
Chapter 7
Chapter 8

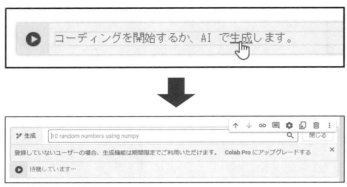

図 3-11 セルのリンクをクリックすると、プロンプトを入力するフィールドが追加される。

　では、ここに作成するコードの内容を記述しましょう。サンプルとして「100以内の完全数を出力する」と書いてみました。完全数とは、約数の和がその値となる自然数です。

　プロンプトを書いてEnterすると、セルにコードが出力されました。実際にセルを実行して、コードが問題なく動くか確認しましょう。

　コードが生成されたら、プロンプトの入力フィールド右側にある「閉じる」ボタンを押すと、プロンプトのフィールドが消え、通常のセルに戻ります。

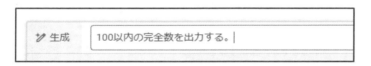

図 3-12 プロンプトを書いて実行するとコードが生成される。

ファイル名を変更しよう

セルの使い方がだいたいわかれば、Colabはもう利用できます。その他にもさまざまな機能が用意されていますが、それらは今すぐ覚えなくとも問題ありません。使っていく上で必要な機能があれば、そのときに説明することにしましょう。

最後に、ファイル名を変更しておきましょう。ノートブックの一番上に「Untitled0.ipynb」といった表示がされているでしょう。これが、ノートブックのファイル名です。

この部分をクリックし、わかりやすいファイル名に変更してください。なお、デフォルトでは「.ipynb」という拡張子がついていますが、これは必ずしもつける必要はありません。

図 3-13　ファイル名を書き換える。

Google ドライブを確認する

では、このノートブックはどこに保存されているのでしょうか。それは、Google ドライブです。

Google ドライブを開いてみてください。「マイドライブ」の中に「Colab Notebooks」というフォルダーが作成されています。これを選択すると、先ほど名前を変更したノートブックのファイルが保存されているのがわかります。

このように、Colabのノートブックファイルは、すべてGoogle ドライブに保存され管理されています。不要なノートブックがあればここで削除すればいいのです。

図 3-14　Google ドライブの「Colab Notebooks」フォルダーにファイルがある。

93

Section 3-2 requestsでAPIにアクセスする

シークレットの作成

Colabの基本的な使い方がわかったところで、いよいよPythonからGoogle AI Studioの APIにアクセスをしてみましょう。

コードを記述する前に、1つ行っておくことがあります。それは、Google AI Studioの APIキーをシークレットとして保管する作業です。

「シークレット」というのは、Colabに用意されている機能で、ノートブックに保管されな い秘密の値のことです。APIキーは、第三者に知られてしまうと外部に流出する危険があり ます。セルのコードに直接APIキーを記述しておくと、ノートブックを共有したりすると APIキーも見られてしまいます。

シークレットの値は非公開であり、ノートブックに保管されません。このため、ノートブッ クを共有したり公開したりしても、そこから値が流出する心配がなくなります。

シークレットを開く

では、実際に作業をしていきましょう。左端にあるアイコンバーから「シークレット」のア イコンをクリックしてください(鍵のアイコンです)。これでシークレットのパネルが表示さ れます。

ここにはシークレットの説明と、シークレットの値を利用するコード例が表示されていま す。シークレットの値は、コードで取り出すようになっています。

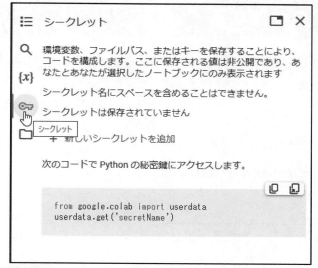

図 3-15 シークレットを開く。

　では、API キーをシークレットに追加しましょう。「新しいシークレットを追加」というリンクをクリックしてください。これでシークレットの項目が追加されます。ここにある「名前」と「値」のフィールドに以下のように記述をします。

名前	GOOGLE_API_KEY
値	API キーの値

　これで「GOOGLE_API_KEY」という名前で API キーが登録されます。登録したキーは、名前も値も後から変更することはできません。もし変更したい場合は、そのシークレットを削除し、改めて登録する必要があります。

　シークレットの項目には「ノートブックからのアクセス」というスイッチが用意されています。これを ON にすると、このノートブックからシークレットにアクセスができるようになります。OFF のままだとアクセスできません。

ノートブックからのアクセス	名前	値	アクション
⬤	GOOGLE_API_K	●●●●●●●●●●●●●●●●●●	👁 📋 🗑

図 3-16 シークレットの名前と値を入力する。

シークレットにアクセスする

　では、シークレットとして用意した API キーにアクセスし、値を変数に読み込むコードを作成しましょう。新しいセルを用意し、以下のコードを記述してください。

リスト3-2

```python
from google.colab import userdata

GOOGLE_API_KEY = userdata.get('GOOGLE_API_KEY')
```

図 3-17 コードを書いて実行する。

　これを書いてセルを実行すると、シークレットから値を読み込み、GOOGLE_API_KEY という変数に代入します。以後は、この GOOGLE_API_KEY を使って API キーを使えばいいのです。

　ここでは、google.colab にある userdata というモジュールを利用しています。ここにある「get」というメソッドで、引数に指定した名前のシークレットを読み込み値を取り出します。実行しても何も表示はされませんが、エラーなどが起こらなければ問題なくシークレットを読み込んでいます。

　中には、コードを実行した際、「ノートブックにシークレットへのアクセス権がありません」という警告が現れた人もいるかもしれません。これは、シークレットの「ノートブックからのアクセス」が ON になっていないのにアクセスを行おうとした際に表示されます。そのまま「アクセスを許可」をクリックすれば、シークレットが使えるようになります。

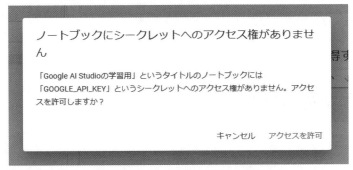

図 3-18 警告が表示されたら「アクセスを許可」を選択する。

requestsでAPIにアクセスする

では、APIキーの準備が整ったところで、APIへのアクセス方法を説明していきましょう。まずは、「エンドポイントにHTTPアクセスする」という方法からです。

すでに前章でcurlコマンドを使い、エンドポイントのURLにアクセスして応答を得る、という基本を行いました。アクセスの際にはさまざまな情報を用意する必要がありましたが、それらが正しく送れれば、ちゃんとAIから応答が返ってきました。

Pythonにも、HTTPアクセスのための機能はあります。それを使えば、PythonからAIにアクセスできるはずですね。

Pythonに用意されているHTTPアクセスの機能はいくつかありますが、もっとも一般に広く利用されているのは「requests」というモジュールです。これはPythonに標準で用意されているものではありませんが、Colabではデフォルトで組み込まれているため、そのままで利用できます。もしColab以外のPython環境で利用したい場合は、ターミナルなどのコマンドを実行するアプリケーションから以下を実行してください。

```
pip install requests
```

これでrequestsパッケージがインストールされ利用できるようになります。Colabを利用しているなら、この作業は不要です。

requestsの使い方

では、requestsの使い方を説明しましょう。requestsには、HTTPのメソッドを使ってアクセスするための関数が用意されています。POSTアクセスを行うには「post」という関数を利用します。これは以下のように利用します。

```
変数 = requests.post(
  アクセス先,
  headers=ヘッダー情報,
  json=ボディコンテンツ）
```

アクセス先には、アクセスするURLを文字列で指定します。そしてheadersにヘッダー情報をまとめたものを、jsonにボディコンテンツをまとめたものをそれぞれ指定して呼び出します。

ヘッダー情報は、辞書として値を用意します。今回は、以下のようなシンプルな値を用意すればいいでしょう。

```
{
  "Content-Type": "application/json"
}
```

Content-Type に "application/json" と値を指定し、コンテンツタイプが JSON データであることを知らせています。

もう1つのボディコンテンツは、AI 側に送信するプロンプトの情報を辞書にまとめたものを指定します。これは、以下のような形になります。

```
{
  "contents": [
    {
      "role": "user",
      "parts": [
        { "text": プロンプト}
      ]
    }
  ],
}
```

どこかで見たことがありますね？　そう、curl で -d に指定したボディコンテンツとまったく同じです。requests も curl も同じ HTTP アクセスのためのものですから、送信するヘッダー情報やボディコンテンツもまったく同じものを用意すればいいのです。前章で curl を使ってアクセスした説明を読み返せば、ボディコンテンツをどう用意すればいいかわかるでしょう。

これらの引数を用意して requests.post を実行すれば、AI モデルにアクセスし応答を得ることができます。

■ エンドポイントの用意

では、コードを作成していきましょう。まず、エンドポイントを用意しましょう。新しいセルを用意し、以下のコードを記述し実行してください。なお⏎部分は改行せず続けて記述してください。

リスト3-3
```
BASE_URL = 'https://generativelanguage.googleapis.com/v1beta'
MODEL = 'gemini-pro'
ENDPOINT = f'{BASE_URL}/models/{MODEL}:generateContent⏎
  ?key={GOOGLE_API_KEY}'
```

これで、ENDPOINTという変数にエンドポイントの文字列が作成されました。後はこの変数を使ってアクセス先を設定すればいいのです。

ここでは、モデル名をMODEL = 'gemini-pro'というように用意しています。この値を書き換えてセルを再実行すれば、利用するモデルを変更することができます。

requestsでAIモデルにアクセスする

では、実際にAIにアクセスしましょう。新しいセルを作成し、以下のコードを記述してください。

リスト3-4

```
import requests

prompt = "" # @param {type:"string"}

headers = {
  "Content-Type": "application/json"
}

body = {
  "contents": [
    {
      "role": "user",
      "parts": [
        { "text": prompt }
      ]
    }
  ],
}

response = requests.post(
  ENDPOINT,
  headers=headers,
  json=body)
result = response.json()
result
```

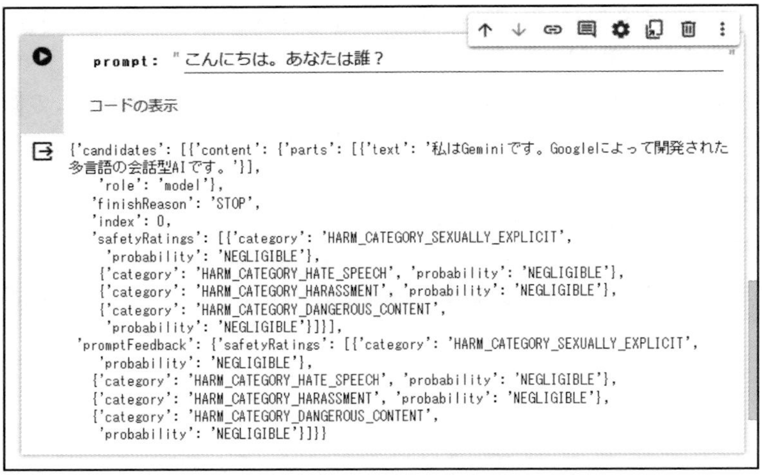

図 3-19 prompt フォーム項目に prompt を書いて実行すると応答が表示される。

コードを記述すると、セルの右側に「prompt」という入力フィールドが表示されます。こ
れはフォーム項目と呼ばれるもので、Colab に用意されている値の入力機能です（フォーム
項目については後述）。ここに prompt のテキストを書いてセルを実行しましょう。記入し
たテキストをプロンプトとして AI に送信し、応答を受け取ります。

post の利用について

requests.post メソッドでは、アクセス先に ENDPOINT、headers と json に headers と
body をそれぞれ指定しています。この2つの変数の値をよく確認してください。正しい形
式で値を用意できれば、このように3つの引数を指定するだけで簡単に HTTP アクセスを行
えます。

この requests.post の戻り値は Response というオブジェクトになっており、アクセス先
からの返信に関するさまざまな情報がまとめられています。取得したコンテンツは、この
Response から取り出します。

```
result = response.json()
```

これがその部分です。json は、返されたコンテンツを JSON フォーマットのテキストとし
て解析し、Python の辞書オブジェクトに変換して返します。後は、この辞書から必要な値
を取り出せばいいのです。

JSON ではなく普通のテキストが返された場合は、text というメソッドが使えます。
response.text() とすれば、コンテンツをテキストとして取り出すことができます。

AIの戻り値を確認する

では、Responseから返されたコンテンツはどのようになっているのか見てみましょう。おそらく以下のような値が出力されているはずです。

```
{'candidates': [{'content': {'parts': [{'text': '……応答のテキスト……'}],
    'role': 'model'},
  'finishReason': 'STOP',
  'index': 0,
  'safetyRatings': [{'category': 'HARM_CATEGORY_SEXUALLY_EXPLICIT',
    'probability': 'NEGLIGIBLE'},
   {'category': 'HARM_CATEGORY_HATE_SPEECH', 'probability': 'NEGLIGIBLE'},
   {'category': 'HARM_CATEGORY_HARASSMENT', 'probability': 'NEGLIGIBLE'},
   {'category': 'HARM_CATEGORY_DANGEROUS_CONTENT',
    'probability': 'NEGLIGIBLE'}]}],
'promptFeedback': {'safetyRatings': [{'category': 'HARM_CATEGORY_SEXUALLY_
EXPLICIT',
    'probability': 'NEGLIGIBLE'},
   {'category': 'HARM_CATEGORY_HATE_SPEECH', 'probability': 'NEGLIGIBLE'},
   {'category': 'HARM_CATEGORY_HARASSMENT', 'probability': 'NEGLIGIBLE'},
   {'category': 'HARM_CATEGORY_DANGEROUS_CONTENT',
    'probability': 'NEGLIGIBLE'}]}}
```

'candidates'に応答の情報がリストにまとめて保管されています。非常に複雑そうに見えますが、'safetyRatings'と'promptFeedback'はコンテンツの安全性に関する情報なので、今回は無視していいでしょう。必要なのは、'content'にある値だけです。この中の'parts'にあるリストから値を取り出し、その'text'の値を取得すれば、応答のテキストが得られます。

構造が複雑なので、実際にコードを書いて確認しましょう。以下を実行してみてください。

リスト3-5

```
result['candidates'][0]['content']['parts'][0]['text']
```

図 3-20 Responseから応答のテキストを取り出す。

実行すると、requests.postの戻り値を代入したresultから応答のテキストを取り出して表示をします。今回のコードで取り出している値を、戻り値の値と見比べながら確認しましょう。

@param コメントについて

今回のサンプルコードでは、セルにプロンプトを入力するフォーム項目が表示されていましたね。これは@paramというコメントによるものです。これは以下のように記述をします。

```
@param {type:種類}
```

このようにコメントをつけると、Colabはその種類の値を入力するためのフォーム項目が自動的に追加されます。ここではtype:"string"を指定していますね。これで、テキストを入力するフォーム項目が作成されます。

フォーム項目の追加

@paramでは多数の種類のフォームが作成できます。とはいえ、それらの書き方をすべて覚えるのは大変ですね。

実は、このフォーム項目は、Colabのメニューから簡単にコードを生成できます。Colabの「挿入」メニューから「フォーム項目の追加」を選ぶと、フォーム項目を用意するためのパネルが開かれます。

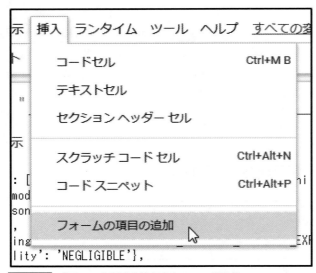

図 3-21 「フォーム項目の追加」メニューを選ぶ。

呼び出されたパネルには、フォーム項目のための設定が用意されます。それぞれ以下のような役割を果たします。

フォームフィールドタイプ	作成するフィールドの種類です。「input」は、通常の入力フィールド(テキストを直接書き込むもの)になります。この他、ドロップダウンリストやスライダー、Markdownのテキスト表示などが項目として用意されています。
変数タイプ	フォームフィールドタイプが「input」の場合に表示されます。変数の値の種類を指定するもので、ここから入力する値の種類を指定します。
変数名	入力した値を代入する変数名を指定します。

とりあえず、フォームフィールドタイプ「input」の使い方だけでも覚えておけば、値の入力が非常に簡単になります。便利な機能なので、ぜひ使い方を覚えておきましょう。

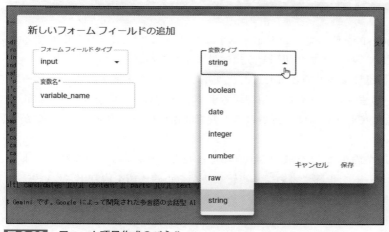

図 3-22 フォーム項目作成のパネル。

Section 3-3 google-generativeai パッケージの利用

Google Generative AIについて

　とりあえず、requestsを使ってエンドポイントにアクセスし、AIとやり取りすることはできました。しかし、これはあまり便利そうには見えませんね。

　URLも長い値を記述しないといけませんし、使用するモデルを変更しようと思ったらまた書き換えないといけません。それに、用意するボディコンテンツも複雑ですし、正しく書かないとエラーになってしまいます。返される応答も非常に複雑で値を取り出すのが大変です。

　Google AI Studioで簡単にAIを試せるようになったというのに、APIを利用しようとしたら、また「複雑なコードを正確に書いて、複雑な値から正確に値を取り出さないとダメ」というのでは、「ちょっと試してみようかな?」と思った人は気持ちが折れるでしょう。せめて、もう少し簡単にAIにアクセスできる方法を用意してほしいものですよね?

　そこでGoogleは、専用のライブラリを作成して誰でも利用できるように公開しました。「Google Generative AI」というパッケージがそれです。

Google Generative AIとは

　このパッケージは、文字通り「Google Generative AI」というGoogleの生成AI関係のプラットフォームを利用するためのパッケージです。このパッケージを利用すれば、もっとわかりやすくシンプルなコードでAIにアクセスできるようになります。

　このGenerative AIは、Googleの生成AI利用のベースとなっているプラットフォームです。GoogleのAI関係プラットフォームには、この他に機械学習全般のプラットフォームである「Google Vertex AI」があります。Vertex AIは機械学習に関するさまざまなモデルが使え、高度な処理が行えますが、とても複雑です。AIに関する専門的な知識がない人間にとっては、難易度が高いと感じるかもしれません。

　Generative AIは、生成AIのみに限定し、簡単にAIを利用できるように設計されており、エンジニアだけでなく、デザイナーやコンテンツ制作者であってもAIを利用できるように

考えてあります。Vertex AIに比べると機能も少ないため、できることはそう多くはありませんが、それだけシンプルで使いやすくなっているのです。

　先に「Google AI Studio」のWebサイトでプレイグラウンドを利用しましたね。これも、AIとのやり取りはGenerative AIをベースにして作られているのです。ですから、機能が少ないといっても「Google AI StudioでできるようなことはGenerative AIで十分実現できる」と考えていいでしょう。

pip installによるインストール

　こうした外部ライブラリをColabで利用する場合は、コマンドを使ってパッケージのインストールを行います。では、新しいセルを作成し、以下のコマンドを書いて実行してください。

リスト3-6
```
!pip install -q -U google-generativeai
```

図 3-23　google-generativeaiパッケージをインストールする。

　これはpip installというコマンドを使ってgoogle-generativeaiというパッケージをインストールするものです。Colabでは、冒頭に「!」をつけることでこうしたコマンドを実行することができます。

> ### インストールしたパッケージはランタイムに保存される　　Column
>
> 　pip installを使うことでさまざまなパッケージをインストールしてColabで利用できるようになります。ただし、注意してほしいのは「パッケージはランタイムにインストールされる」という点です。
>
> 　ランタイムの環境にインストールされるので、そのランタイムを使っている間は、インストールしたパッケージはどのセルからでも利用できます。しかしランタイムが終了してしまうと、インストールしたパッケージも消えてしまいます。新たにランタイムを起動してもそこにはインストールしたパッケージはありませんから、またpip installでインストールしないといけません。
>
> 　「ランタイムを再起動したらインストールしたパッケージも再インストールする」ということをよく理解しておきましょう。

GenerativeAI に API キーを設定する

パッケージがインストールできたら、最初に行うのは「Generative AI の API キー設定」です。

インストールしたパッケージには、google.generativeai というモジュールにある configure という関数を使います。これは、以下のようにして設定を行います。

```
《google.generativeai》.configure(api_key=《APIキー》)
```

この configure は、Generative AI に関する各種の設定を行うものです。設定する項目名の引数を用意して実行することで、Generative AI の設定を行えます。これにより、それ以後、Generative AI の機能を利用する際はすべて設定した内容が使われます。

では、新しいセルを作成し、以下のコードを記述してください。

リスト3-7

```python
import google.generativeai as genai

GOOGLE_API_KEY=userdata.get('GOOGLE_API_KEY')
genai.configure(api_key=GOOGLE_API_KEY)
```

これを実行すると、Colab のシークレットから API キーを取り出し、Generative AI に設定します。これ以後、Generative AI の機能を利用する際は、設定された API キーがそのまま使われるようになります。

AI モデルの情報を取り出す

では、AI に関する情報から利用しましょう。まずは、Generative AI で利用可能なモデルについて調べてみましょう。

Generative AI で利用可能なモデルは、google.generativeai の「list_models」という関数を使って調べることができます。これは引数などはなく、ただ呼び出すだけです。これで利用可能なモデルの情報をリストにまとめたものが得られます。

では、実際に使ってみましょう。新しいセルに以下のコードを記述し、実行してください。

リスト3-8

```python
model_list = genai.list_models()
for model in model_list:
    print(model.name)
```

```
model_list = genai.list_models()
for model in model_list:
  print(model.name)
```

```
models/chat-bison-001
models/text-bison-001
models/embedding-gecko-001
models/gemini-1.0-pro
models/gemini-1.0-pro-001
models/gemini-1.0-pro-latest
models/gemini-1.0-pro-vision-latest
models/gemini-pro
models/gemini-pro-vision
models/embedding-001
models/aqa
```

図3-24 実行すると、利用できるモデル名が出力される。

これを実行すると、利用可能なモデル名がすべて出力されます。ここではlist_modelsでモデルのリストを取得し、forを使って順に値を処理しています。print(model.name)というようにしていますが、このnameでモデル名を取り出して表示していたのですね。

出力されるモデル名を見るとわかりますが、モデル名は"models/gemini-1.0-pro"というように、"models/○○"という形になっています。この"models/"まで含めたものがモデル名になります。

用意されているモデルは、gemini-xxxといった名前のものが複数ありますね。同じモデルでも、バージョンが異なるものがいくつも用意されているのですね。

また、その他にも見慣れない名前のモデルがいくつかあります。「chat-bison-001」「text-bison-001」といったものはGeminiの前のモデル「PaLM 2」のモデル名です。また「embedding-gecko-001」「embedding-001」といったものは、エンベディングと呼ばれる特殊な値を生成するためのものです。「aqa」はQ&A用に専用に作られたモデルです。これらは用途がやや特殊なので、いわゆる「プロンプトを送って応答を得る」という用途には使いません。基本は「gemini-xxx」というものか、「xxx-bison」という一世代前のもののいずれかと考えていいでしょう。

モデルの情報を得る

このlist_modelsで得られるのは、「Model」というクラスのインスタンスです。この中に、モデルに関する各種の情報が保管されています。

モデルを得る関数は他にも「get_model」というものが用意されています。これは以下のように利用します。

```
変数 =《google.generativeai》.get_model( モデル名 )
```

引数にモデル名を文字列で指定すると、そのモデルのModelインスタンスを返します。では、実際に試してみましょう。新しいセルに以下のコードを記述してください。

リスト3-9

```
model_name = "" # @param{type:"string"}

model = genai.get_model(model_name)
model
```

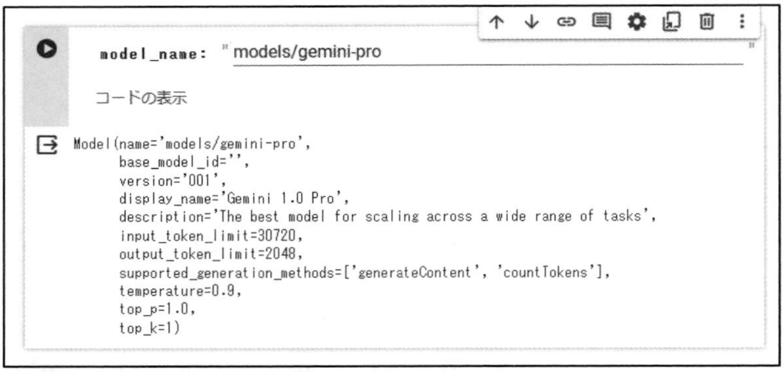

図 3-25　モデル名を記入し実行するとモデル情報が出力される。

　ここではモデル名を入力するフォーム項目が用意されます。ここにモデル名を記入してセルを実行すると、そのモデルの Model インスタンスが取得され、その内容が出力されます。例えば、「models/gemini-pro」とモデル名に指定すると、以下のような出力が得られるでしょう。

```
Model(name='models/gemini-pro',
   base_model_id='',
   version='001',
   display_name='Gemini 1.0 Pro',
   description='The best model for scaling across a wide range of tasks',
   input_token_limit=30720,
   output_token_limit=2048,
   supported_generation_methods=['generateContent', 'countTokens'],
   temperature=0.9,
   top_p=1.0,
   top_k=1)
```

　さまざまな情報がまとめられていることがわかります。temperature や top_p、top_k といったパラメータの初期値も用意されていますね。また input_token_limit/output_token_limit で入出力の最大トークン数も用意されています。supported_generation_methods というのは、このモデルがサポートしている生成メソッドで、コンテンツを生成する 'generateContent' とトークン数を計算する 'countTokens' がサポートされていることがわかります。

モデルによって、こうした値は違っています。モデルの情報で確認できるということを知っておきましょう。

 Pythonでは、パラメータは「スネーク記法」　　　　**Column**

　Modelで出力されている値を見たとき、ちょっと不思議なことに気づいた人はいませんか。先にcurlを使ったとき、パラメータは「topK」というような名前になっていたのに、ここでは「top_k」というような書き方になっています。複数の単語をすべて小文字のままアンダースコアでつなげた名前になっているのですね。

　このような記法は、一般に「スネーク記法」と呼ばれます。curlではキャメル記法が基本でしたが、Pythonの場合、スネーク記法が基本となっているんですね。

モデルにプロンプトを送る

　では、いよいよモデルにプロンプトを送り、応答を取得してみましょう。これはgoogle.generativeaiモジュールにある「GenerativeModel」というクラスを使って行います。まず、このクラスのインスタンスを作成します。

```
変数 = GenerativeModel( モデル名 )
```

　そして作成したモデルの「generate_content」メソッドを呼び出します。引数には、モデルに送るプロンプトを文字列で指定します。

```
変数 =《GenerativeModel》.generate_content( プロンプト )
```

　これで応答の情報が返ってきます。戻り値は「GenerateContentResponse」というクラスのインスタンスになっています。この中の「text」という属性に応答のテキストが保管されています。

Gemini Proにアクセスする

　では、実際にモデルへのアクセスを行ってみましょう。新しいセルを用意し、以下のコードを記述してください。そしてセルに表示されるフォーム項目にpromptを記入し、セルを実行しましょう。Gemini Proモデルからの応答が表示されます。

リスト3-10

```python
from google.generativeai import GenerativeModel

prompt = "" # @param {type:"string"}

model = GenerativeModel('gemini-pro')
response = model.generate_content(prompt)
response.text
```

prompt: "こんにちは。あなたは誰ですか？

コードの表示

'私は Gemini です。Google によって開発された、大規模言語モデルです。'

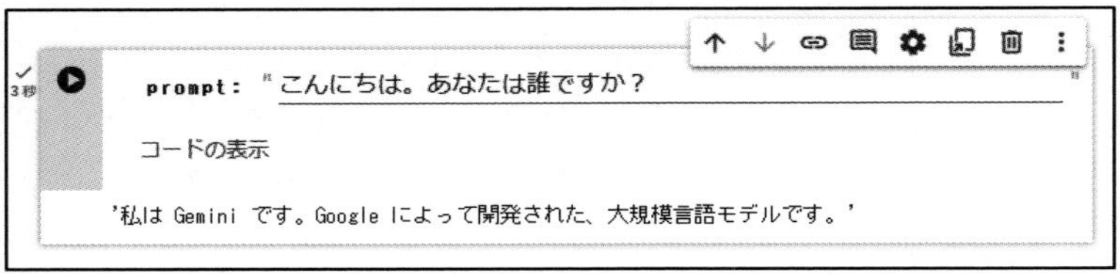

図 3-26　実行するとプロンプトを送信し、応答を表示する。

　GenerativeModelは、google.generativeaiモジュールに用意されているクラスです。最初にimport文でGenerativeModelをインポートしてあります。

　ここでは、まずGenerativeModel('gemini-pro')でGemini Proのモデルインスタンスを作成しています。そしてgenerate_contentでプロンプトをモデルに送り応答を得ています。得られた応答からは、response.textでテキストを取り出しています。

　全体として、非常にシンプルですね。requests.postでアクセスしたときに比べ、用意する値も受け取った応答も実に単純な形になっているのがわかります。これだけシンプルなら、AIの専門家やエンジニアでなくとも「ちょっと使ってみるか」と思えるのではないでしょうか。

パラメータの設定

　AIモデルには、各種のパラメータが用意されています。Geminiにもさまざまなパラメータが用意されていることはGoogle AI Studioのプレイグラウンドで確認しましたね。こうしたパラメータはどのように利用すればいいのでしょうか。

　パラメータの情報は、google.generativeaiモジュールの「GenerationConfig」というクラスとして用意します。このクラスは以下のように引数を指定してインスタンスを作成します。

```python
GenerationConfig(
  candidate_count= 整数 ,
  stop_sequences= リスト ,
  max_output_tokens= 整数 ,
  temperature= 実数 ,
```

```
    top_p= 実数,
    top_k= 整数
)
```

　引数に、設定するパラメータの値を用意します。これらはすべて記述する必要はありません。設定したい項目だけ記述してください。省略したものはデフォルト値がそのまま使われます。
　こうして GenerationConfig インスタンスを用意したら、それを指定して GenerativeModel インスタンスを作成します。

```
変数 = GenerativeModel( モデル名,
    generation_config=《GenerationConfig》)
```

　このようにモデル名の後に generation_config という引数を用意し、これに GenerativeModel インスタンスを指定します。これで、用意されたパラメータが設定された GenerativeModel インスタンスが作成されます。
　後は、その中の generate_content を呼び出して応答を得るだけです。

---

 candidate_count パラメータについて　　　　　　　　　　**Column**

　GenerationConfig には、candidate_count という見慣れないパラメータが用意されています。これはプレイグラウンドにはありませんでしたね。
　このパラメータは、生成する応答数を指定するものです。これを設定することで、同時に複数の応答を生成させることができるようになります。ただし！ 2024年3月の時点では、Gemini Pro ではこの値は1以外の値は設定できません（つまり複数の応答は作れない）。これは「将来的にそういうことができるようにする」という予定で用意されているパラメータと考えましょう。

パラメータを指定して応答を得る

　では、実際にパラメータを設定して応答を取得してみましょう。新しいセルを用意し、以下のようにコードを記述してください。

リスト3-11

```
from google.generativeai import GenerativeModel, GenerationConfig

prompt = "" # @param {type:"string"}
```

```
config = GenerationConfig(
  max_output_tokens=300,
  temperature=0.75,
  top_p=0.5,
  top_k=100
)

model = GenerativeModel(
  'gemini-pro',
  generation_config=config)

response = model.generate_content(prompt)
response.text
```

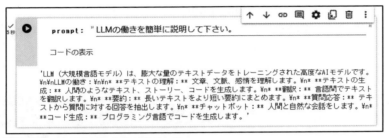

図 3-27 実行すると応答が返される。

　セルにフォーム項目が用意されるので、ここにプロンプトを記入し、実行してください。
応答のテキストが表示されます。

　ここでは、以下のようにしてパラメータ情報を作成しています。

```
config = GenerationConfig(
  max_output_tokens=300,
  temperature=0.75,
  top_p=0.5,
  top_k=100
)
```

　最大トークン数、温度、上位P、上位Kといった値を指定してあります。その他のものは
省略しました。こうして用意したものを、GenerativeModel インスタンス作成時に以下の
ように指定します。

```
model = GenerativeModel(
  'gemini-pro',
  generation_config=config)
```

　これで特定のパラメータを設定した GenerativeModel が作成されます。後は、generate_content で問い合わせるだけです。

　GenerativeModel インスタンス作成時にパラメータ情報を指定するということは、GenerativeModel を作成したら後でパラメータは変更できないということになります。複数回、generate_content を呼び出すような場合は、すべて同じパラメータで実行することになるでしょう。

　呼び出す際にパラメータの設定を変更したいような場合は、面倒ですが複数個の GenerativeModel インスタンスを作成するようにしてください。

Markdown をレンダリングする

　生成された応答を見ると、その中にいろいろと記号が使われているのに気がついたかもしれません。例えば、こんな具合です。

> ＊　＊＊膨大なテキストデータのトレーニング：＊＊　LLM（大規模言語モデル)は、インターネット、書籍、ニュース記事など、膨大な量のテキストデータでトレーニングされます。
> ＊　＊＊パターン認識：＊＊　トレーニング中に、LLM はテキスト内のパターン、構造、意味を学習します。

　＊＊ といった記号があちこちに書かれていますね。これは一体、なぜでしょうか。

　こうした記号は、「Markdown」で使われているものなのです。Markdown は、ごくシンプルなドキュメント記述言語です。簡単な記号をつけるだけでテキストのスタイルを指定できます。Gemini Pro のプレイグラウンドなどでは、出力された Markdown コンテンツをレンダリングして表示するようになっているのです。

Markdown コードのレンダリング

　この Markdown のソースコードは、簡単な操作でレンダリングすることができます。これには、IPython.display モジュールにある Markdown というクラスを利用します。

```
Markdown( コード )
```

　引数に Markdown のコードをテキストで指定すると、レンダリングしてデザインされた HTML のコードが得られます。これにより、見やすく応答を表示できます。

　では、実際に試してみましょう。新しいセルに以下を記述し、実行してください。

リスト3-12
```
from IPython.display import Markdown

Markdown(response.text)
```

Chapter 1
Chapter 2
Chapter 3
Chapter 4
Chapter 5
Chapter 6
Chapter 7
Chapter 8

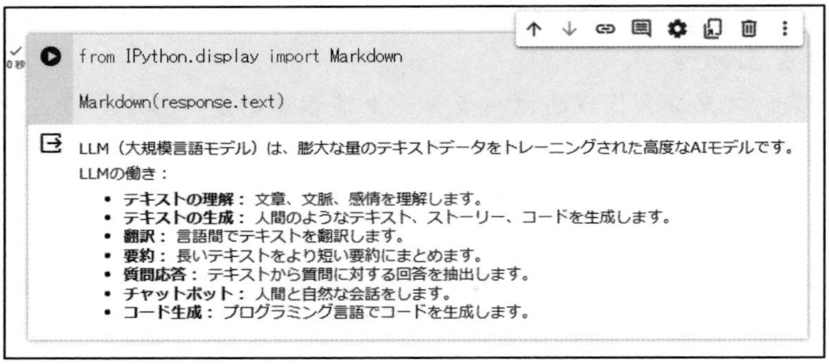

図 3-28　Markdown コードがレンダリングされて表示される。

　これは、先ほどの generate_content で取得した response.text の値をレンダリングして表示するものです。これにより、Markdown で出力された応答はきれいにデザインされた状態でセル下に表示されます。

　Gemini Pro では、例えばプログラミング言語のコードを表示するときや何かの手順を説明したり箇条書きで説明するようなときには、必ず Markdown を利用することになるでしょう。Markdown のレンダリングの仕方がわかっていれば、より見やすく応答を表示できます。

トークン数の取得

　もう1つ、HTTP アクセスの際に説明した「トークン数の計算」についても説明しておきましょう。

　モデルには、トークン数を計算する機能もありました。先に Gemini Pro のモデル情報を表示したとき、こういう値があったのを思い出してください。

```
supported_generation_methods=['generateContent', 'countTokens'],
```

　'generateContent' がコンテンツを生成する機能で、generate_content メソッドとして用意されていましたね。もう1つの 'countTokens' が、トークン数を計算する機能です。これがサポートされていれば、そのモデルでトークン数を調べることができます。

　この機能は、「count_tokens」というメソッドとして用意されています。

```
変数 =《GenerativeModel》.count_tokens( テキスト )
```

　このように、GenerativeModel インスタンスから「count_tokens」というメソッドを呼び出します。引数には、調べたい文字列を用意します。これでトークン数の情報が得られます。

プロンプトのトークン数を調べる

では、これも実際に試してみましょう。新しいセルを作成し、以下のコードを記述してください。

リスト3-13

```python
from google.generativeai import GenerativeModel

prompt = "" # @param {type:"string"}

model = GenerativeModel('gemini-pro')
model.count_tokens(prompt)
```

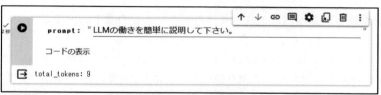

図 3-29 プロンプトを書いて実行するとトークン数が表示される。

セルに表示されるフォーム項目にテキストを書いて実行すると、「total_tokens: 整数」という表示が下に現れます。これがテキストのトークン数です。count_tokensの戻り値は辞書になっており、その中のtotal_tokensという値にトークン数が保管されています。セルに表示された戻り値で確認しておきましょう。

Chapter 1
Chapter 2
Chapter 3
Chapter 4
Chapter 5
Chapter 6
Chapter 7
Chapter 8

Section
3-4

AIモデルを
使いこなそう

generate_content の応答

　GenerativeModelを使った基本的なやり取りはだいたいわかりました。ここでは、より深くモデルを理解していくことにしましょう。

　まずは、generate_contentの戻り値についてです。generate_contentは、プロンプトを送信するとその応答を返すものでしたね。戻り値のtextを取り出せば、それだけで応答のテキストを取り出すことができました。非常に簡単に応答を利用できるように作られていました。

　では、応答のテキスト以外の情報はどうなっているのでしょうか。また、どんな情報が保管されているのでしょう。

　generate_content で 返 さ れ る 値 は、google.generativeai パ ッ ケ ー ジ の「GenerateContentResponse」というクラスのインスタンスです。これは、実は非常に複雑な構造のオブジェクトなのです。GenerateContentResponseの構造を整理すると以下のようになります。

```
GenerateContentResponse(
    done=True,
    iterator=None,
    result=glm.GenerateContentResponse(
      {'candidates': [⋯応答の辞書情報⋯],
          'prompt_feedback': {
              'safety_ratings': [⋯セーフティレート情報⋯],
              'block_reason': 0}
      }
    ),
)
```

　GenerateContentResponse の 中 に result と い う 値 が あ り、glm (google.ai.generativelanguage)パッケージのGenerateContentResponseというクラスのインスタンスに必要な情報がまとめられています。同じクラス名ですが、この2つは違うものです。resultにあるGenerateContentResponseをラップして戻り値のGenerateContentResponseが作成されているんですね。

　この中の'candidates'に応答の情報がリストとして保管されています。リストの各値は辞書になっており、以下のような形で応答の情報がまとめられています。

```
{
  'content': {
    'parts': [
      {'text': '…応答のテキスト…'}
    ],
    'role': 'model'
  },
  'finish_reason': 整数,
  'index': 整数,
  'safety_ratings': […セーフティレート情報…],
  'token_count': 整数,
  'grounding_attributions': []
}
```

　非常に多くの情報がまとめられていることがよくわかるでしょう。応答以外の情報を調べたければ、このGenerateContentResponseという戻り値の構造をよく理解しておく必要があります。

　中 に は、何 を す る も の か よ く わ か ら な い 値 も あ る で し ょ う。こ の GenerateContentResponseは、コンテンツを生成するさまざまなシーンで利用されるため、今使っていなくとも別のところで必要となるような値も用意されています。まずは、すでに知っている値についてだけでも「こういう値がある」ということを頭に入れておきましょう。

Column

実は応答は簡単に得られる？

　ここでは、学習の意味で GenerateContentResponse の内容を詳しく確認してみました。しかし、ちょっと不思議なことに気がついたかもしれません。それは「text プロパティがない」という点です。応答では、response.text として簡単にテキストを取り出せました。これはなぜでしょうか。

　セルに表示される値や print で表示される値は、そのクラスに用意されている「テキストとしての値」が表示されているだけで、オブジェクト内の全値が表示されるわけではありません。表示されていないけれど存在している値というのもあるのです。

　実は GenerateContentResponse には「parts」という値があり、そこに応答の情報がまとめられています（これは、response.parts として得られます）。この中に、応答の text も用意されています。そしてこの parts 内の値は、response から直接プロパティとして取り出せるような作りになっています。

　複雑そうに見える戻り値も、応答に関するものだけなら parts で簡単に取り出せるのです。これは覚えておくと便利ですよ！

構造化プロンプトを使うには？

　続いて、プロンプトについて考えていきましょう。Google AI Studio のプレイグラウンドでは、構造化プロンプトというものが用意されていましたね。ユーザーと AI のやり取りの例をいくつか用意しておくものです。ワンショット学習や少数ショット学習を利用する際に使われました。この構造化プロンプトは、どのように使うのでしょうか。

　これは、実はとても簡単です。generate_content の引数に用意するプロンプトを、文字列ではなく、文字列のリストとして用意すればいいのです。

```
プロンプト = [
  "input: 〇〇",
  "output: ××",
  "input: プロンプト",
  "output: "
]
```

　例えばこのような形でやり取りするプロンプトを用意しておき、これを generate_content の引数に指定すれば、リストに用意した一連のやり取りをそのまままとめてモデルに送ることができます。

AIアシスタントのキャラ設定をする

では、実際の利用例として、少数ショット学習であらかじめAIアシスタントのキャラクタを設定しておき、それをもとに応答をするようにしてみましょう。

新しいセルを作成し、以下のコードを記述してください。

リスト3-14

```
from google.generativeai import GenerativeModel

prompt = "" # @param {type:"string"}

model = GenerativeModel('gemini-pro')

prompt_parts = [
  "input: あなたは誰ですか？",
  "output: 私はハナコです。",
  "input: 何歳ですか。",
  "output: 20歳です。",
  "input: あなたの職業は？",
  "output: 私は大学生です。",
  "input: " + prompt,
  "output: ",
]

response = model.generate_content(prompt_parts)
response.text
```

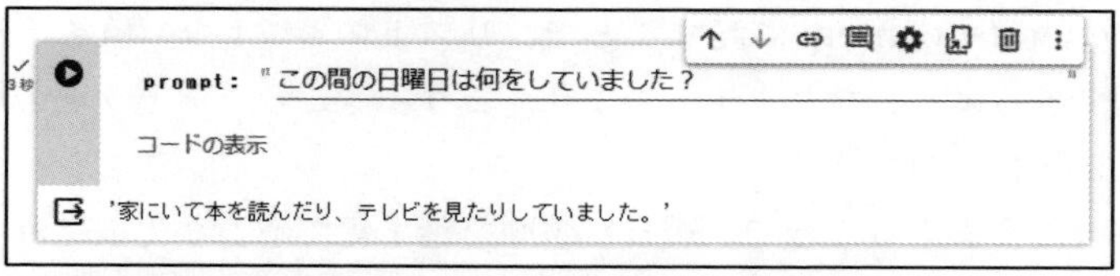

図 3-30　20歳の大学生ハナコとして応答する。

セルのフォーム項目にpromptを書いて実行すると、20歳の大学生ハナコとして応答します。いろいろとpromptを送ってみましょう。AIとしてではなく、人間のような応答をしてくれるでしょう。

構造化プロンプトは、HTTPアクセスの際も試してみました。そのときも、やり取りする値には「input:」「output:」といったラベルをつけていたのを覚えているでしょう。これは、GenerativeModelを使う場合も同じです。ユーザーとAIのそれぞれの発言がわかるように必ずinput:とoutput:のラベルをつけて値を用意してください。

また、応答の後には「output:」というラベルだけの値を用意して終わりにします。こうす

ることで、このoutput:の後に続くコンテンツを生成して返すようになります。

GenerativeModelを使っても、このように構造化プロンプトの基本的な考え方はHTTPアクセスのときと同じなのです。

チャットをするには？

続いて、チャットの利用について考えてみましょう。チャットを実現する方法にはいくつかあります。まずは、これまで利用してきたgenerate_contentをそのまま使う方法から説明しましょう。

GenerativeModelでは、generate_contentでプロンプトを送信してきました。引数には、文字列を指定するだけでなく、リストを指定することもできました。文字列のリストを引数にすることで構造化プロンプトを実現することができましたね。

この「リストの値を引数に用意する」というやり方は、チャットにも応用できます。generate_contentの引数に用意する値を、文字列のリストではなく、以下のようなメッセージ情報のリストにするのです。

```
{
  'role': ロール,
  'parts': プロンプト
}
```

roleとpartsという値からなる辞書として値を用意しています。このようにroleを持った辞書をリストにまとめてgenerate_contentに渡すことで、リストの1つ1つの値をチャットのメッセージとして処理できるようになります。つまり、こうすることでチャットの履歴を持つメッセージをモデルに送れるのです。

それまでのやり取りを持ったまま送ることで、送った履歴を踏まえて応答が生成されるようになります。

チャットを作成する

では、実際にチャットの簡単なコードを作成しましょう。まず、新しいセルを作成してモデルとメッセージの履歴を入れる変数を用意しましょう。

リスト3-15

```
from google.generativeai import GenerativeModel
```

```
model =GenerativeModel('gemini-pro')
messages = []
```

　これでGemini Proのモデルと、メッセージを保管するリストmessagesが用意できました。では、メッセージを送信して応答を表示するコードを作りましょう。新しいセルに以下を記述してください。

リスト3-16

```
from IPython.display import Markdown

prompt = "" # @param {type:"string"}

message = {
  'role':'user',
  'parts': prompt
}
messages.append(message)

response = model.generate_content(messages)

answer = {
  'role':'model',
  'parts':response.text
}
messages.append(answer)

Markdown(response.text)
```

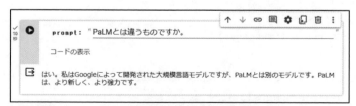

図 3-31 メッセージを書いて送信すると応答が出力される。

　セルのフォーム項目にpromptを書いて実行すると、応答が返ってきます。返事が返ってきたら、フォーム項目のpromptを書き換えて実行してください。すると、次の応答が返ります。またフォーム項目を書き換えて……というように、何度も繰り返しセルを実行していきましょう。

　ここで実行した内容は、すべてmessagesに蓄積されていき、それらの履歴をすべて踏まえた上で応答がされるようになります。前に送ったプロンプトの内容を覚えていて、それを

もとに応答が作られるようになるのです。いろいろと試して、ちゃんと前のメッセージを記憶しているか確かめてみましょう。

メッセージの履歴は、messagesに保管されています。変数messagesを出力してみると、それまでやり取りしたメッセージがすべて保管されていることがわかるでしょう。

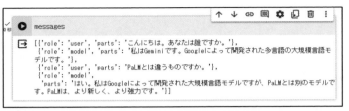

図 3-32 messagesにはやり取りがすべて保管されている。

チャット処理の流れを整理する

では、チャットの処理の流れを確認しましょう。プロンプトを変数promptに代入し、それをもとにユーザーのメッセージを変数に作成し、リストmessagesに追加します。

```python
message = {
  'role':'user',
  'parts': prompt
}
messages.append(message)
```

これで入力したメッセージがmessagesに追加されました。これを引数にしてgenerate_contentを実行し、応答を得ます。

```python
response = model.generate_content(messages)
```

今度は、モデルからの応答をメッセージとして履歴に追加します。response.textの値をメッセージとして用意し、これをmessagesに追加します。

```python
answer = {
  'role':'model',
  'parts':response.text
}
messages.append(answer)
```

これで送受信の両方のメッセージがmessagesに追加されました。これを繰り返していくことで、messagesにやり取りの情報が蓄積されていくのですね。

start_chatによるチャットセッション

このメッセージのリストをgenerate_contentで送信する方式は、メッセージの管理をすべて自分で行うため、全体を把握しやすいのは確かですが、しかし少々面倒くさいですね。やり取りした履歴まで自分で管理しないといけないんですから。

こうした面倒な部分をすべてうまく処理してくれるような機能が欲しい、と思った人。そのための機能も実は用意されています。それは「チャットセッション」というものです。

チャットセッションは、連続した応答を行うチャット機能を実装するものです。チャットセッションは、クライアントから送られたメッセージをGoogle Generative AIに送り、返された応答をクライアントに返送します。送受信したメッセージ類はチャットセッションにより管理され、常に連続した会話を続けることができます。

チャットセッションにより、メッセージの管理などを考えることなく、簡単に会話を行えるようになるのです。

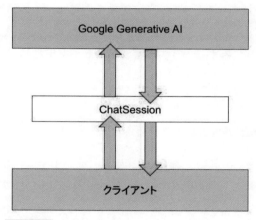

図 3-33 クライアントからチャットセッションにメッセージを送ると、チャットセッションがGoogle Generative AIにメッセージを送り、受け取ったメッセージをクライアントに返送する。

ChatSession利用の流れ

では、チャットセッションの利用手順を説明しましょう。チャットセッションは、「ChatSession」というクラスとして用意されています。これは、GenerativeModelにある「start_chat」というメソッドを使って作成します。

```
変数 =《GenerativeModel》.start_chat(history=リスト)
```

引数には、それまでの会話の履歴を示す history という値を用意できます。これはリストとして会話履歴を用意します。なお新たにチャットをスタートするならこれは省略できます。

作成した ChatSession を使ってメッセージを送受するには、「send_message」メソッドを使います。

```
変数 =《ChatSession》.send_message( プロンプト )
```

引数に送信するプロンプトを文字列で指定するだけで、そのプロンプトをメッセージとして AI モデルに送り、応答を受け取って返します。

この send_message の戻り値は、generate_content と同じ GenerateContentResponse クラスのインスタンスです。従って、そのまま text 属性の値から応答を取り出し利用できます。

メッセージの送信は、これだけです。送受信したメッセージの保管などといった管理は一切必要ありません。それらはすべて ChatSession が管理しているため、ユーザーは何も操作する必要がないのです。

チャットセッションを使う

では、実際にチャットセッションを利用してみましょう。まず新しいセルを用意し、以下のコードを書いて実行してください。

リスト3-17

```python
from google.generativeai import GenerativeModel

model =GenerativeModel('gemini-pro')
chat = model.start_chat(history=[])
chat
```

図 3-34 GenerativeModel を作成し、ChatSession を用意する。

Gemini Pro の GenerativeModel インスタンスを作成し、そこから ChatSession を作成しています。この ChatSession は、以下のような形をしていることがわかります。

```
ChatSession(
    model=GenerativeModel(
        model_name='models/gemini-pro',
        generation_config={},
        safety_settings={},
        tools=None,
    ),
    history=[]
)
```

　modelにGenerativeモデルを持ち、historyにリストが用意されていることがわかります。メッセージが送られると、modelのモデルに送信して応答を受け取ります。やり取りしたメッセージは、historyのリストに蓄積されていきます。

　なお、Generative AIライブラリのバージョンなどによっては、chatを表示しても<google.generativeai.generative_models.ChatSession at 0x7e2c518df6d0>といった表示が出てくる場合があります。このようなときは、リスト3-17の最後にあるchatをvars(chat)と変更してみて下さい。ChatSessionインスタンス内にある値をすべて表示することができます。

　では、メッセージを送り応答を表示する処理を作りましょう。新しいセルに以下を記述してください。

リスト3-18

```
prompt = "" # @param {type:"string"}

response = chat.send_message(prompt)
response.text
```

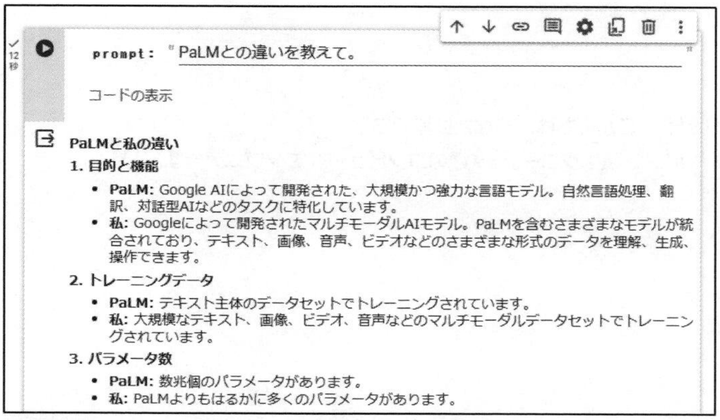

図 3-35 メッセージを書いて送信し応答を表示する。

セルに表示されるフォーム項目にメッセージを書いて実行すると、AIモデルから応答を受け取り表示します。実行できたら、次に送るメッセージを書いて実行するとまた応答が表示されます。

やり取りしたメッセージは、ChatSessionで管理されています。実際、作成したChatSessoinのインスタンスを出力してみると、historyにメッセージがまとめられていることが確認できます。

図 3-36 ChatSessionでは、historyにチャットの履歴がまとめられている。

チャット履歴について

ChatSessionでは、historyにメッセージの履歴が保管されています。このhistoryは、後から値を操作することができます。historyを書き換えることで、それまでのやり取りを書き換えてチャットを行うことができます。

実際に試してみましょう。新しいセルに以下のコードを記述し、実行してください。

リスト3-19

```
chat.rewind()
chat.history = [
  {'role': 'user', 'parts': 'こんにちは。あなたは誰ですか。'},
  {'role': 'model', 'parts': '私はタロー。39歳のコンピュータエンジニアです。'},
]
chat
```

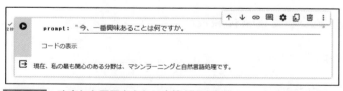

```
    chat.rewind()
    chat.history = [
        ['role': 'user', 'parts': 'こんにちは。あなたは誰ですか。'],
        ['role': 'model', 'parts': '私はタロー。39歳のコンピュータエンジニアです。'],
    ]
    chat

    ChatSession(
        model=genai.GenerativeModel(
            model_name='models/gemini-pro',
            generation_config={},
            safety_settings={},
            tools=None,
        ),
        history=[glm.Content({'parts': [{'text': 'こんにちは。あなたは誰ですか。'}], 'role': 'user'}),
        glm.Content({'parts': [{'text': '私はタロー。39歳のコンピュータエンジニアです。'}], 'role':
        'model'})]
    )
```

図 3-37 チャットの履歴を書き換える。

　これは、それまでのチャット履歴を消去し、新たな会話を追加するものです。最初に「rewind」というメソッドを呼び出していますが、これはそれまでの履歴を消去し、新しくチャットを開始するものです。

　そしてhistoryにチャットの内容を設定します。チャットでやり取りしたメッセージは、以下のような辞書データになっています。

```
{'role': ロール, 'parts': コンテンツ }
```

　'role'には'user'か'model'を指定してメッセージを記述します。これは、先にgenerate_contentでメッセージのリストを送信したときと同じデータ形式ですね。こうして用意したデータをchat.historyに代入することで、履歴を改変できます。

　履歴を書き換えできたら、改めてリスト3-18のセルでメッセージを送ってみましょう。書き換えたメッセージに基づいて応答が返ってきます。

prompt: " 今、一番興味あることは何ですか。

コードの表示

現在、私の最も関心のある分野は、マシンラーニングと自然言語処理です。

図 3-38 改変した履歴をもとに応答が返される。

ストリーム処理

　これまで、AIとのやり取りは、AI側で応答のコンテンツを生成し終わったところで一括して返送されるようになっていました。しかし、最近のAIモデルでは、質問をするとリアルタイムに応答が出力されていくようなものが主流です。すべて応答を作成してから表示する場合、応答が表示されるまでかなり待たされることになります。完成する前から少しずつ

表示できたほうが利用する側は待たされる感じがしないでしょう。

　このような応答の受け取り方をするには、「ストリーム」と呼ばれる機能を利用します。ストリームとは、ネットワークなどでリアルタイムにデータを送受する仕組みです。ストリームを利用することで、AI モデルからリアルタイムに生成コンテンツを受け取り処理できます。

　ストリームを利用するには、プロンプトを送信する際、「stream=True」という値を引数に指定します。

```
《GenerativeModel》.generate_content(プロンプト, stream=True)
《ChatSession》.send_message(プロンプト, stream=True)
```

　generate_content と send_message のどちらにも stream オプションは用意されています。これにより、戻り値は Python のジェネレータのように GenerateContentResponse インスタンスを随時生成するようになります。

　ジェネレータというのは、時間のかかる処理などでデータを少しずつ小出しに渡すのに使われる仕組みです。stream=True にすると、戻り値には GenerateContentResponse が次々と送られてきます。これは、for などを使ってリストの値をすべて処理していくのと同じやり方で処理していくことができます。

ストリーム処理を行う

　このストリームを利用した処理は、実際にコードを動かしてみないと今ひとつわからないかもしれません。新しいセルを作成し、以下のコードを書いてください。

リスト3-20

```
from google.generativeai import GenerativeModel

prompt = "" # @param {type:"string"}

model =GenerativeModel('gemini-pro')
response = model.generate_content(prompt, stream=True)

for item in response:
  print(item)
```

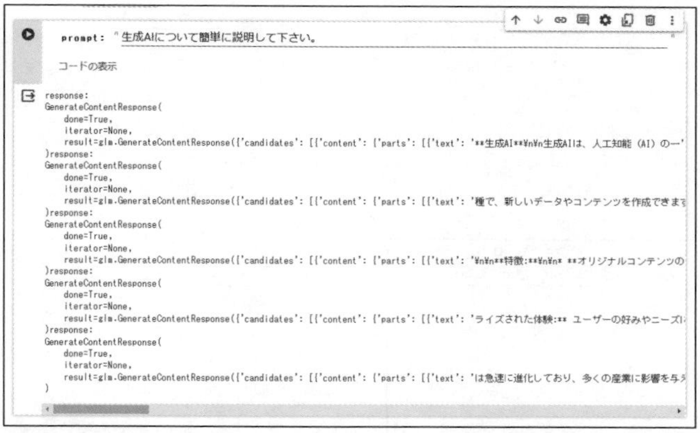

図 3-39 実行すると、いくつものGenerateContentResponseが出力される。

　フォーム項目にpromptを書いて実行すると、戻り値が出力されていきます。通常、GenerateContentResponseが1つ出力されるだけですが、応答によってはいくつものGenerateContentResponseが次々に出力されていくのがわかります。

　ここでは、generate_contentでstream=Trueを指定して実行し、その戻り値responseを以下のように処理しています。

```
for item in response:
  print(item)
```

　responseをまるでリストのように繰り返し処理していますね。これがストリームの特徴です。stream=Trueにすると、generate_contentで返されるresponseには、返送されるコンテンツの断片が次々とGenerateContentResponseインスタンスとして送られてきます。これをforで繰り返し処理していくのです。

1文字ずつ表示する

　では、stream=Trueの戻り値がどんなものかわかったところで、返される応答を1文字ずつ表示するようにしてみましょう。先ほどのサンプルリストを以下のように書き換えます。

リスト3-21

```
import time
from google.generativeai import GenerativeModel

prompt = "" # @param {type:"string"}

model = GenerativeModel('gemini-pro')
response = model.generate_content(prompt, stream=True)
```

```
for item in response:
  for c in item.text:
    print(c, end="")
    time.sleep(0.1)
```

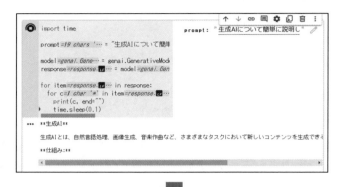

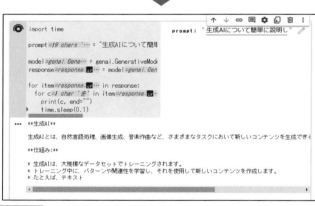

図 3-40 1文字ずつ応答が出力されていく。

　promptを入力し実行すると、応答のコンテンツが1文字ずつ出力されていきます。ここではstream=Trueで戻り値をforで繰り返し処理をし、その中で取り出したテキストをさらにforで1文字ずつ書き出しています。

```
for item in response:
  for c in item.text:
    print(c, end="")
```

　for item in response:で取り出されるGenerateContentResponseからtextの値を取り出し、for c in item.text:というように繰り返し処理します。Pythonではテキストは「文字のリスト」のように扱うことができます。このようにforで文字列から順に文字を取り出し、それをprintで出力していけば、1文字ずつ書き出すことができます。

ただし、そのままではほとんど一瞬ですべての文字が出力されるので、ここではtimeモジュールの「sleep」で0.1秒間隔でprintが実行されるように調整しています。

マルチターンについて

AIとのやり取りというのは、基本的に1対1でメッセージを送受していきます。1つのメッセージを送ると1つの応答が返る、という形ですね。

では、同時に複数の質問をするようなことはできるのでしょうか。これは、Gemini Proならば可能です。GenerativeModelには「マルチターン」と呼ばれる機能が実装されています。これは同時に複数のプロンプトを送り、それらをもとに応答を得る仕組みです。

例えば、先にgenerate_contentでメッセージのリストを送信することで擬似的にチャットのようなやり取りを行えるようにしましたね。このサンプルでは、複数のメッセージをリストにまとめてgenerate_contentで送りました。AIモデルはこれらのメッセージをすべて受け取り、それをもとに応答を生成していたのですね。

この応用として、複数のプロンプトを同時に送信して応答を得ることも可能です。これは、以下のような形でメッセージを用意するのです。

```
{
  'role': 'user',
  'parts': [
      "……プロンプト1……",
      "……プロンプト2……",
      "……以下略……",
  ]
}
```

メッセージは、roleとpartsという値を持つ辞書として値を用意しましたね。このpartsに、プロンプトのリストを指定するのです。こうすることで、同時に複数のプロンプトをAI側に送信することができます。AI側は、送られてきた複数のプロンプトを同時に処理し、それらすべてに対する応答を生成します。

複数のプロンプトを送る

では、実際に試してみましょう。新しいセルに以下のコードを記述し、実行してください。

リスト3-22

```
from google.generativeai import GenerativeModel
```

Chapter 1
Chapter 2
Chapter 3
Chapter 4
Chapter 5
Chapter 6
Chapter 7
Chapter 8

```python
model = genai.GenerativeModel('gemini-pro')

messages = [
    {'role':'user',
     'parts': ["小学生にわかるように、コンピュータの仕組みを説明して。",
               "小学生にわかるように、AIの仕組みを説明して。",
               "小学生にわかるように、インターネットの仕組みを説明して。"]}
]
response = model.generate_content(messages)

Markdown(response.text)
```

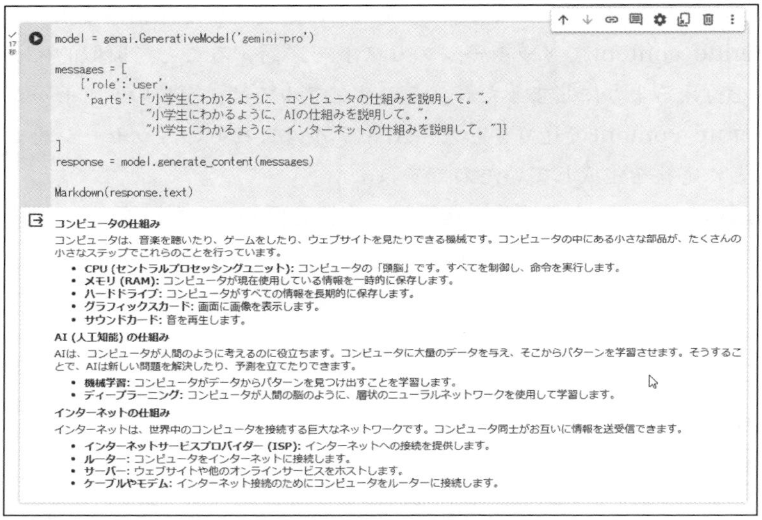

図 3-41 実行すると、3つの質問に同時に答える。

　これを実行すると、用意した3つの質問の答えがひとまとめになって出力されます。ここでは、用意したメッセージのpartsに3つのプロンプトを用意してあります。これを送信することで、この3つのプロンプトのすべての応答がまとめて返されます。

メッセージごとにパラメータを設定する

　Generative AIでは、GenerativeModelインスタンスを作成する際にGenerationConfigでパラメータなどの設定を行いました。このため、作成したモデルを利用している場合は常に同じパラメータの設定で応答を取得することになりました。

　しかし、複数回、応答を取得するような場合、すべてに同じパラメータが設定されてしまうのは困ることもあります。例えば「この質問については最大トークン数を拡大しておきたい」なんてことはあるはずです。

　このような場合、プロンプトを送信するメソッドにGenerationConfigを指定し、そのときだけ指定のパラメータで応答を生成させることができます。これは以下のように行います。

```
《GenerativeModel》.generate_content(プロンプト, generation_config=
《GenerationConfig》)
《ChatSession》.send_message(プロンプト, generation_config=《GenerationConfig》)
```

　generation_configというオプション引数にGenerationConfigインスタンスを指定することで、このプロンプトだけ指定のパラメータでAIモデルに応答を生成させることができます。
　では、試してみましょう。新しいセルを作成し、以下のコードを記述してください。

リスト3-23
```python
from google.generativeai import GenerativeModel, GenerationConfig

prompt = "AIの仕組みを300文字で説明して。" # @param{type:"string"}

model = genai.GenerativeModel('gemini-pro')
config = GenerationConfig(
    max_output_tokens=300,
    temperature=0.75,
    top_p=0.3,
    top_k=100
)
response = model.generate_content(
    prompt,
    generation_config=config)

Markdown(response.text)
```

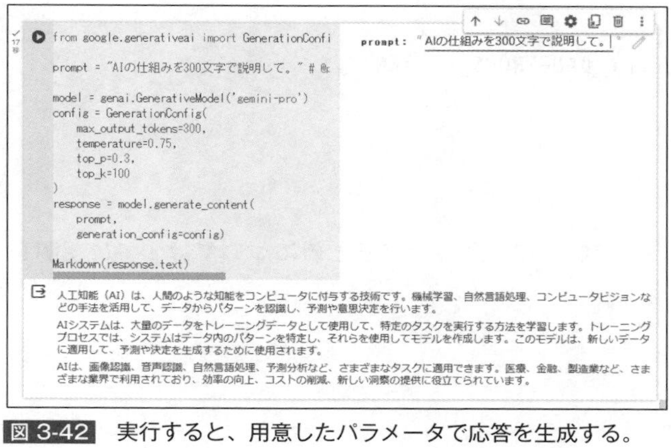

図 3-42　実行すると、用意したパラメータで応答を生成する。

フォーム項目に prompt を書いて実行すると、応答が返ります。今回は、変数 config に用意したパラメータを使って AI モデルにアクセスをしています。ここでは、max_output_tokens、temperature、top_p、top_k といったものを設定していますが、それ以外のパラメータもここで指定できます。

実際にパラメータの値をいろいろと書き換えて応答を確かめてみましょう。

安全性評価と設定

AI モデルへのアクセスには、プロンプトとパラメータの他にもう1つ、重要な要素がありました。それは「安全性評価の設定」です。

コンテンツの安全性は、応答からその評価が返されるだけでなく、こちらからプロンプトを送信する際に評価の基準となる設定を送ることができます。これにより、どういう項目に対してどの程度厳しく判断させるかを指定できるわけです。

この安全性評価の設定は、以下のような値として用意されます。

```
[
  {
    "category": "HARM_CATEGORY_HARASSMENT",
    "threshold": 値
  },
  {
    "category": "HARM_CATEGORY_HATE_SPEECH",
    "threshold": 値
  },
  {
    "category": "HARM_CATEGORY_SEXUALLY_EXPLICIT",
    "threshold": 値
  },
  {
    "category": "HARM_CATEGORY_DANGEROUS_CONTENT",
    "threshold": 値
  },
]
```

用意するのは4つのカテゴリの設定値です。各カテゴリと値についてはすでに説明をしましたが改めてまとめておきましょう。

▼ カテゴリ

HARM_CATEGORY_SEXUALLY_EXPLICIT	露骨な性的表現
HARM_CATEGORY_HATE_SPEECH	ヘイトスピーチ
HARM_CATEGORY_HARASSMENT	各種のハラスメント
HARM_CATEGORY_DANGEROUS_CONTENT	危険なコンテンツ

▼ 設定する値

HARM_BLOCK_THRESHOLD_UNSPECIFIED	しきい値を指定しない
BLOCK_LOW_AND_ABOVE	NEGLIGIBLE を許可
BLOCK_MEDIUM_AND_ABOVE	NEGLIGIBLE/LOW を許可
BLOCK_ONLY_HIGH	NEGLIGIBLE/LOW/MEDIUM を許可
BLOCK_NONE	すべてを許可

これらの値をまとめたものをモデルの作成時、あるいはプロンプトの送信時に渡します。

▼ モデル作成時

```
GenerativeModel( プロンプト, safety_settings=安全性設定値 )
```

▼ プロンプト送信時

```
《GenerativeModel》.generate_content(プロンプト, safety_settings=安全性設定値 )
《ChatSession》.send_message(プロンプト, safety_settings=安全性設定値 )
```

安全性の基準を設定する

例として、モデル作成時に安全性評価の設定値を用意するサンプルコードを挙げておきましょう。以下のようにしてGenerativeModelインスタンスを作成します。

リスト3-24
```
from google.generativeai import GenerativeModel

safety_setting = [
  {
    "category": "HARM_CATEGORY_HARASSMENT",
    "threshold": "BLOCK_ONLY_HIGH"
  },
  {
    "category": "HARM_CATEGORY_HATE_SPEECH",
```

```
      "threshold": "BLOCK_MEDIUM_AND_ABOVE"
  },
  {
      "category": "HARM_CATEGORY_SEXUALLY_EXPLICIT",
      "threshold": "BLOCK_LOW_AND_ABOVE"
  },
  {
      "category": "HARM_CATEGORY_DANGEROUS_CONTENT",
      "threshold": "BLOCK_NONE"
  },
]

model = GenerativeModel(
  'gemini-pro',
  safety_settings=safety_setting)
```

　ここでは4つのカテゴリに、それぞれBLOCK_ONLY_HIGHからBLOCK_NONEまでを設定してあります。これにより、ハラスメントやヘイトスピーチは緩めに、性的コンテンツや危険なコンテンツは厳しめに評価するようになります。作成したモデルを使ってプロンプトを送り、動作を確かめてみましょう。

リスト3-25

```
prompt = "" # @param{type:"string"}

response = model.generate_content(prompt)
Markdown(response.text)
```

　実際に試してみるとわかりますが、たとえ安全性評価にBLOCK_NONEを設定したとしても、まったく無防備になるわけではなく、違法な行為などに関しては応答はされません。ここでの設定は、あくまで「どのぐらいの厳しさで判定するか」の基準であり、まったく無防備にするわけではない、ということは理解しておきましょう。

Webページから
AIモデルを利用しよう

Generative AIのモデルは、Webページから利用すること
もできます。ここではエンドポイントへのアクセスを利用し
た方法や、Googleが提供するSDKライブラリを利用したア
クセス方法について説明をしましょう。

Section 4-1　Webページを 作成しよう

Webページの仕組み

　現在、もっとも多くのプログラムが作成されている分野は、なんといっても「Web」でしょう。Webではさまざまなプログラムが Web アプリやサービスとして作られ公開されています。またスマートフォンやパソコンのアプリでさえ、最近は「外側だけアプリになっていて中身は Web そのもの」というものが増えてきており、Web の技術は、Web 以外のところでも使われるようになっています。

　AI を利用したプログラムを作ろうと思ったら、その多くはおそらく「Web」の技術を使って作成されることになるでしょう。前章で使った Python が「自分でさまざまな処理を行うための道具」とするなら、Web は「作ったものを広く公開し利用してもらうための道具」といえます。

　この Web ページは、大きく3つの技術の組み合わせで作成されています。その技術とは以下のものです。

HTML	ドキュメントの構造や内容を記述するためのページ記述言語
CSS	コンテンツにスタイルを設定するためのスタイルシート言語
JavaScript	Webページの要素を操作したり各種の計算を行うためのスクリプト言語

　HTMLでページの内容を記述し、CSSでスタイルを設定し、JavaScriptで処理を実装する。これらを組み合わせて Web ページは動いています。Web ページを作るためには、これらの基本的な使い方がわかっていないといけません。

　本書では、この3つの基本的な使い方ぐらいは理解しているものとして説明を行います。まぁ、HTMLやCSSについては少しは触ったことがある人が多いでしょうが、JavaScriptについては、これはプログラミング言語ですからあまり使ったことがないという人もいるでしょう。

JavaScriptについては、ごく基礎的な文法がわかっていればOKです。難しそうなコードは必要に応じて説明をしていきますので、よく知らない人は簡単なJavaScriptの入門書などで基礎知識をざっと頭に入れておいてください。

開発ツールについて

Webページは、基本的にテキストファイルで作成されます。HTMLもCSSもJavaScriptも、すべてただのテキストファイルですから、Webページの作成はテキストファイルを編集するエディタさえあればできます。

ただし、「快適にWebページを作成する」ということを考えたなら、きちんとした開発ツールを使ったほうがいいでしょう。多くの開発ツールは、ただテキストを編集するだけでなく、コーディングを支援するための機能がいろいろと備わっています。こうしたものを利用することで、よりスムーズにコーディングを行えるようになります。

Visual Studio Codeを使う

ここでは、Microsoftが提供する「Visual Studio Code」という開発ツールを紹介しておきましょう。これは、コードの編集に特化した開発ツールです。大掛かりなプログラムの作成に必要となるような機能はほとんど用意されていませんが、Webページのようなものならば十分な機能を持っています。

このVisual Studio Code（以後、VSCodeと略）は、パソコンのアプリだけでなく、Web版も用意されています。Web版は、Webブラウザからアクセスするだけで簡単に使えるようになります。まずはこれを利用してみるとよいでしょう。Webブラウザから以下のURLにアクセスしてください。

```
https://vscode.dev/
```

Chapter 1
Chapter 2
Chapter 3
Chapter 4
Chapter 5
Chapter 6
Chapter 7
Chapter 8

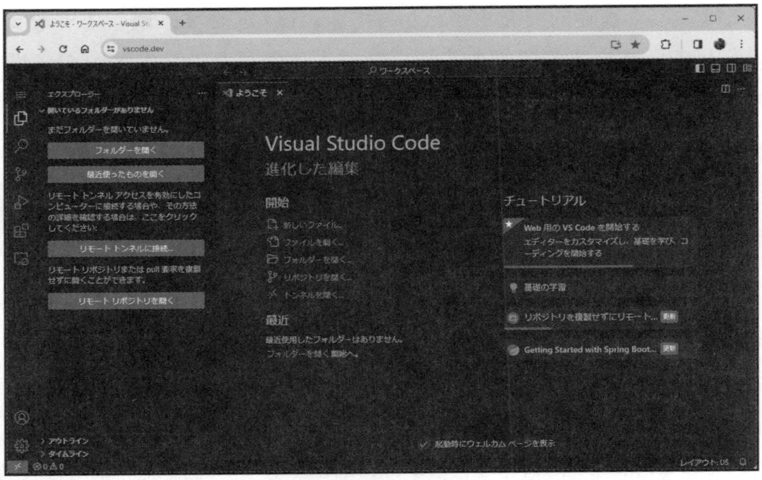

図 4-1 Visual Studio Code の Web 版。

VSCode の基本画面

アクセスすると、すぐに VSCode の開発画面が現れます。VSCode の画面は、大きく3つの部分で構成されています。

アイコンバー	左端にはアイコンが縦一列に並んだバーがあります。これは、VSCode にある各種のツールを切り替えながら表示するものです。
エクスプローラー	その右側には、縦に細長いエリアがあり「エクスプローラー」と表示されています。これは、左のアイコンバーで選んだツールが表示されるところです。デフォルトでは、ファイル管理を行うエクスプローラーというツールが開かれています。
編集エリア	その右側の広いエリアは、ファイルを開いて編集するためのところです。デフォルトでは「ようこそ」という表示があります。これは最初に行うファイルやフォルダーのオープンやチュートリアルのリンクなどをまとめたものです。

アイコンバーから利用するツールを選び、操作する、というのが VSCode の基本です。ただし、最初の内は、使うツールは「エクスプローラー」だけと考えましょう。これは、デフォルトで開かれているツールです。ここでファイルやフォルダーの操作を行います。

初期状態では、まだ何も開かれていませんから、ここにはファイルやフォルダーを開くボタンや、ネットワーク経由で GitHub などに接続するためのボタンなどが表示されています。

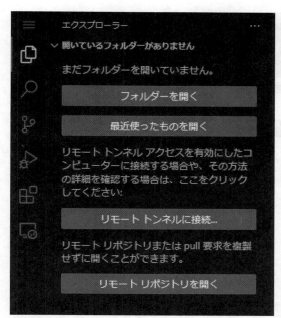

図 4-2　エクスプローラーの画面。ファイルやフォルダーを開くボタンなどがある。

Chapter 1

Chapter 2

Chapter 3

Chapter 4

Chapter 5

Chapter 6

Chapter 7

Chapter 8

Webアプリを作成しよう

　では、Webアプリを作成しましょう。まず、Webアプリのファイル類をまとめておくフォルダーを用意します。デスクトップに、「GoogleAI-webapp」という名前でフォルダーを作成しましょう。ここにWebアプリのファイル類を作成していきます。

図 4-3　デスクトップに「GoogleAI-webapp」フォルダーを作成する。

　このフォルダーをVSCodeで開きます。エクスプローラーにある「フォルダーを開く」ボタンをクリックし、作成した「GoogleAI-webapp」フォルダーを開いてください。

図 4-4 「フォルダーを開く」ボタンで「GoogleAI-webapp」フォルダーを開く。

　「サイトにファイルの読み取りを許可しますか」というアラートが現れるので、「ファイル
を表示する」ボタンをクリックします。続けて、「このフォルダー内のファイルの作者を信用
しますか」というアラートが現れるので「はい」を選びます。

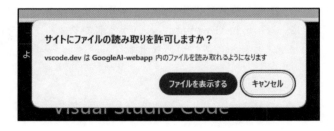

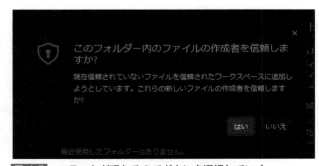

図 4-5 アラートが現れるのでボタンを選択していく。

　VSCodeのエクスプローラーにあったボタン類が消え、「ワークスペース」というところに、開いた「GoogleAI-webapp」フォルダーが表示されます。このフォルダー内に、ファイル類を作成していきます。

図 4-6　エクスプローラーに「GoogleAI-webapp」フォルダーが追加された。

Webページの基本部分を作る

　では、実際にWebページを作成していきましょう。Webページは、HTMLファイルとして作成をします。

　では、エクスプローラーの上部に見える「新しいファイル」というアイコンをクリックしてください。これで新たにファイルが作成されます。そのままファイル名を「index.html」と入力しましょう。

図 4-7　「新しいファイル」アイコンをクリックし、ファイル名を入力する。

　画面に「『GoogleAI-webapp』に変更を保存しますか？」というアラートが現れます。ここにある「変更を保存」ボタンを選択すると、ファイルが作成されます。

Chapter 1
Chapter 2
Chapter 3
Chapter 4
Chapter 5
Chapter 6
Chapter 7
Chapter 8

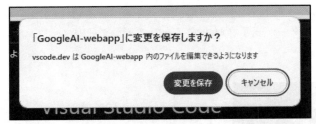

図 4-8 アラートが現れたら「変更を保存」ボタンを選択する。

ファイルが作成されると同時にファイルが開かれ、右側のエリアに編集のためのエディタが表示されます。ここでコードを記述していけば、index.htmlのファイルを編集できるわけです。

この編集エディタは、エクスプローラーでファイルをクリックすればいつでも開くことができます。

図 4-9 編集用のエディタが開かれる。

┃ソースコードを記述する

では、開かれたエディタにHTMLのコードを記述しましょう。今回は以下のように記述しておきます。

リスト4-1

```
<html lang="ja">
<head>
<meta name="viewport"
    content="width=device-width, initial-scale=1">
</head>
<body">
  <h1>Google AI</h1>
  <div>
    <input type="text" id="input" />
    <button>Generate</button>
  </div>
  <hr>
  <p id="message">no content...</p>
```

```
</body>
</html>
```

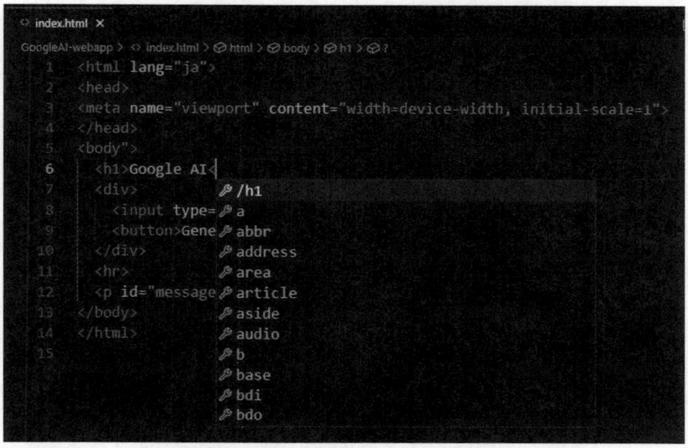

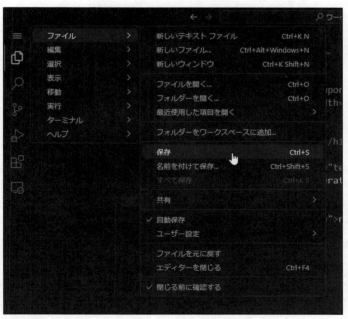

図 4-10 エディタでコードを記述する。

　これがHTMLで作成するコードです。記述したら、Ctrlキー＋「S」キーで保存しましょう。あるいは、画面の左上にある「≡」アイコンをクリックするとメニューが現れるので、そこから「ファイル」内の「保存」メニューを選べば保存できます。

図 4-11 「≡」アイコンからメニューを選んで保存する。

HTMLの基本形

では、今回記述したコードを見てみましょう。HTMLのコードというのは、だいたい以下のような形になっています。

```
<html>
<head>
……ヘッダー情報の記述……
</html>
<body>
……実際に表示するコンテンツの記述……
</body>
</html>
```

この基本構成をベースにして、<head> ～ </head>内や<body> ～ </body>内に必要な要素を記述していくわけです。ここでは、以下のようなものを記述しています。

●タイトルの表示

```
<h1>Google AI</h1>
```

●入力フィールド

```
<input type="text" id="input" />
```

●プッシュボタン

```
<button>Generate</button>
```

●メッセージ表示エリア

```
<p id="message">no content...</p>
```

入力フィールドとメッセージの表示エリアにはidでID名を指定してあります。後は、特に難しいものはないので、HTMLの基本がわかればだいたい理解できるでしょう。

■ エディタの支援機能

実際にコードを記入していくと、このエディタには入力を支援するさまざまな機能が組み込まれていることに気がつきます。主なものでも以下のような機能があります。

コードの色分け表示	コードに記述した各単語を用途ごとに色分けして表示します。
オートインデント	改行時にコードの文法を解析し、自動的にインデント(文の開始位置)を調整します。
閉じ記号の自動挿入	HTMLのタグやカッコ、クォート記号などを入力すると、自動的にそれを閉じるテキストや記号が挿入されます。
候補の表示	入力中、現在入力しているテキストで始まるキーワードや変数、関数などといったものをリアルタイムにポップアップ表示し、選択するだけで入力できるようにします。

こうした入力支援機能により、VSCodeでのコード入力は、ただのテキストエディタを使うよりもはるかに入力しやすくなります。このエディタを使うだけでも、VSCodeを利用するメリットが十分あるでしょう。

◎ Webページを表示する

では、作成したWebページを表示しましょう。「GoogleAI-webapp」フォルダーの中には、作成したindex.htmlファイルが配置されていますね。これをダブルクリックして開いてください。Webブラウザが起動し、index.htmlが表示されます。

このページでは、入力フィールドとボタンが用意されています。また、その下には「no content...」という表示があります。Webページが完成したときは、プロンプトを送信して得られる応答がこの部分に表示される予定です。

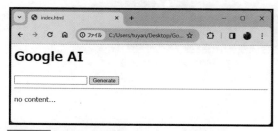

図 4-12 Webブラウザでファイルを開く。

Chapter 1
Chapter 2
Chapter 3
Chapter 4
Chapter 5
Chapter 6
Chapter 7
Chapter 8

PythonでWebサーバーを使う

　これで、作成したindex.htmlをWebブラウザで開き、表示を確認できました。ただし、これで完璧なわけではありません。

　Webページでは、ローカルファイルをそのまま開いた場合にはうまく動かない機能がいろいろとあるのです。特にJavaScriptを利用する場合、Webサーバーにアクセスして表示したWebページでないと動かないことがあります。従って、ファイルをWebブラウザで開くだけでなく、Webサーバーを起動し、WebブラウザからサーバーにアクセスしてWebページを表示する方法も知っておく必要があります。

　これには通常、サーバープログラムなどを導入してアプリをデプロイするというやり方を取るでしょう。しかし、これはちょっと大げさです。

　もっと簡単な方法が実はあります。それは、Pythonを利用する方法です。Pythonのコマンドを利用すれば、簡単にWebサーバーを起動してファイルを公開できるのです。

　Pythonは、以下のURLで公開されています。まだインストールしていない人は、このURLにアクセスして「Download」からインストーラをダウンロードし、インストールしておきましょう。

```
https://www.python.org/
```

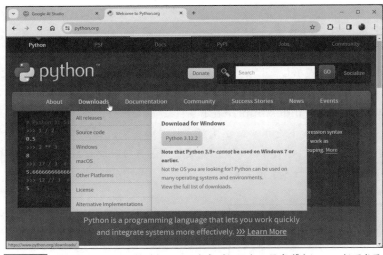

図 4-13　PythonのWebサイト。ここからインストーラをダウンロードできる。

Webサーバーを起動する

では、Webサーバーで「GoogleAI-webapp」フォルダー内のファイルを公開しましょう。PowerShellやターミナルなどのコマンドを実行できるアプリケーションを起動してください。そして、「GoogleAI-webapp」フォルダーに表示フォルダーを移動しましょう。

```
cd Desktop
cd GoogleAI-webapp
```

図 4-14　「GoogleAI-webapp」フォルダーに移動する。

これで「GoogleAI-webapp」フォルダーでコマンドを実行できるようになります。では、Webサーバーを起動するコマンドを実行しましょう。

```
python -m http.server
```

図 4-15　Webサーバーを起動する。

これでWebサーバーが起動しました。PythonによるWebサーバーは、起動時にいたフォルダー内のファイルをサーバーで公開します。Webブラウザから以下のURLにアクセスしてみてください。

```
http://localhost:8000/
```

図 4-16 Web サーバーにアクセスして Web ページを表示する。

　アクセスすると、先ほどと同じ Web ページ(index.html) が表示されます。localhost:8000 というのが、Python の Web サーバーのドメインになります。これはローカル環境でのみ利用できるものであり、そのまま外部からアクセスできるようになるわけではありません。しかし、Web サーバーで公開したときの動作確認をするだけなら、これで十分です。

　なお、実行中の Web サーバーは、ターミナルで Ctrl キー＋「C」キーを押せば終了できます。

Bootstrap でスタイルを設定しよう

　一応、Web ページはできましたが、あまりにも簡素すぎて面白くありませんね。もう少し見た目にも悪くないデザインにしたいでしょう。

　CSS を使えば細かくページをデザインできますが、クールなページにするにはそれなりに才能が必要です。センスがないとデザインは難しいですね。

　そこで、「センスには自信がない」という人でもそれなりに整った Web ページを作れる CSS フレームワークというものを利用しましょう。ここでは「Bootstrap」というものを利用します。Bootstrap は、Web ページのさまざまな要素をあらかじめ統一したデザインを用意し、簡単に割り当てられるようにします。使い方は簡単ですので、Bootstrap を組み込んでデザインしましょう。

　先ほど作成した index.html を開き、以下のように内容を修正してください。

リスト4-2

```
<html lang="ja">
<head>
<meta name="viewport" content="width=device-width, initial-scale=1">
<link href="https://cdn.jsdelivr.net/npm/bootstrap/dist/css/bootstrap.min.css"
    rel="stylesheet" crossorigin="anonymous">
</head>
<body class="container">
```

```html
<h1 class="display-6 my-4">Google AI</h1>
<div class="row">
  <div class="col">
    <div class="input-group">
      <input type="text" id="input"
             class="form-control"/>
    </div>
  </div>
  <div class="col-2">
    <div class="input-group-append">
      <button class="btn btn-primary">Generate</button>
    </div>
  </div>
</div>
<hr>
<div class="card">
  <div class="card-body">
    <p id="message" class="card-text">no content...</p>
  </div>
</div>
</body>
</html>
```

Chapter 1
Chapter 2
Chapter 3
Chapter 4
Chapter 5
Chapter 6
Chapter 7
Chapter 8

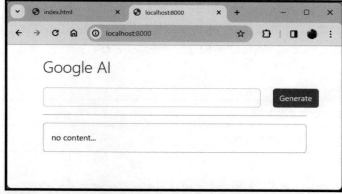

図 4-17 index.htmlを修正しWebページをリロードするとデザインされたページに変わった。

　ファイルを保存し、Webブラウザで表示しているWebページをリロードしてください。
表示が変わってデザインされた画面になります。もとのページに比べると、全体として統一
感あるページに変わりましたね。

Bootstrap の組み込みと利用

では、Bootstrap の利用の仕方を説明しましょう。Bootstrap は、CDN（Content Delivery Network、コンテンツ配信サービス）を使って配信されています。これは、<head>内にある以下のタグで読み込んでいます。

```
<link href="https://cdn.jsdelivr.net/npm/bootstrap/dist/css/bootstrap.min.css"
    rel="stylesheet" crossorigin="anonymous">
```

https://cdn.jsdelivr.net というのが、CDN のドメインです。ここにある Bootstrap の CSS ファイルをこのタグで読み込んでいます。これにより、Bootstrap で定義されたクラスが使えるようになります。

このクラスは、例えば以下のように使っています。

```
<body class="container">
```

class="container" は、Bootstrap のレイアウトに関するもので、このクラスを指定すると、この中に配置した要素は横幅が自動調整されるようになります。

<body>内にある HTML の要素を見ると、class に細かくクラスが指定されていることがわかるでしょう。これらはすべて Bootstrap のクラスです。このようにクラスを指定することで、それぞれの表示スタイルが変更されるようになっているのです。

ここで使っているクラスにはさまざまな役割のものがありますし、Bootstrap 自体にも膨大なクラスが定義されているため、ここで細かく説明はしません。とりあえず、以下のフォーム関係のものだけ覚えておくといいでしょう。

<input>	class="form-control"
<button>	class="btn btn-primary"

フォームの表示は、こんな具合にクラスを指定するだけできれいにデザインされた表示に変わります。

また、メッセージを表示するのに「カード」というデザインを使っています。この部分ですね。

```
<div class="card">
  <div class="card-body">
    <p id="message" class="card-text">no content...</p>
  </div>
```

```
</div>
```

　これで、内側にある<p>の表示をきれいにカードの形でまとめて表示します。Bootstrapには、こうしたコンポーネントがいろいろと用意されています。

　BootstrapのWebサイトには、用意されているクラスについて詳しいドキュメントが用意されています。興味ある人は以下のURLにアクセスしてみてください。日本語で説明が読めますよ！

https://getbootstrap.jp/docs/

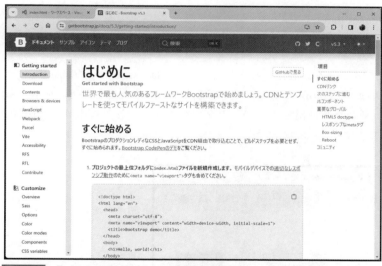

図 4-18　Bootstrapのサイトには日本語でドキュメントが用意されている。

Chapter 1
Chapter 2
Chapter 3
Chapter 4
Chapter 5
Chapter 6
Chapter 7
Chapter 8

ボタンにアクションを追加する

　これでWebページの基本的な表示はできました。次に用意するのは、「ボタンのアクション」でしょう。

　このWebページでは、ボタンをクリックするとプロンプトを送信して応答を表示するような処理を作ります。まだAIへのアクセスなどの機能は難しいので、とりあえず「クリックしたら何か表示する」という処理を作ってみましょう。

　JavaScriptのスクリプトというのは、<script>を使って記述をします。これは通常、<head>内に用意します。

　では、index.htmlの<head>〜</head>の適当な部分に以下のコードを記述してください。

リスト4-3

```
<script>
function doAction() {
  const input = document.querySelector("#input");
  const message = document.querySelector("#message");
  message.innerHTML = " 「" + input.value + "」と入力しました。"
}
</script>
```

これは、doActionという関数を定義するものです。では、ボタンをクリックしたら、この関数が実行されるようにしましょう。<button>の記述を以下のように修正してください。

リスト4-4

```
<button onClick="doAction();"
  class="btn btn-primary">Generate</button>
```

これで<button>にアクションが設定されました。ここでは、onClick="doAction();"という属性が追加されていますね。onClickは、ボタンをクリックしたときの処理を示す属性です。ここでdoAction関数を呼び出すことで、ボタンをクリックしたらdoActionの処理が実行されるようになります。

図 4-19 フィールドに何か書いてボタンを押すとメッセージが表示される。

doActionの処理について

では、このdoActionで行っている処理を見てみましょう。今回行っているのは、ただ「フィールドの値を取り出して<p>に表示する」ということだけですが、これは値の取得と結果表示の基本となる処理なので、きちんと理解しておきたいですね。

ここでは、まず<input>と<p>の要素を変数に取得する処理です。

```
const input = document.querySelector("#input");
const message = document.querySelector("#message");
```

　Webブラウザには「DOM」と呼ばれるものがあります。これは「Document Object Model」の略で、HTMLなどの構造化されたドキュメントを表現するためのデータモデルです。このDOMにより、WebブラウザはHTMLの各要素を「エレメント」と呼ばれるJavaScriptのオブジェクトとして扱えるようになっています。

　このオブジェクトを取得しているのが、上記の2行です。documentはWebページのドキュメントのオブジェクトで、「querySelector」は引数に指定したクエリの要素をオブジェクトとして取り出します。ここでは"#input"や"#message"というという値が引数に指定してありますが、これらはそれぞれid="input"、id="message"の要素を示します。"#○○"とすることで、id="○○"の要素を取り出せるようになっています。

```
message.innerHTML = " 「" + input.value + "」と入力しました。"
```

　そして、フィールドに入力した値をもとにメッセージをid="message"に表示しているのがこの文です。ここでは、表示する値のところで「input.value」というものを使っていますね。これは、input（<input id="input">のオブジェクト）に入力された値を示します。

　そして「message.innerHTML」というのは、message（<p id="message">のオブジェクト）の中に記述されているHTMLコードを示します。これにテキストを設定することで、そのテキストが<p>〜</p>の内部に組み込まれます。

　整理すると、ここで行っているのは以下のようなことです。

1. document.querySelectorで必要な要素のオブジェクトを得る。
2. <input>に入力した値をvalueで取り出す。
3. <p>の内部の表示をinnerHTMLで設定する。

　これらがだいたいわかれば、「必要な値を取り出し、結果を表示する」という基本的な処理は作成することができます。

　これで、ようやくWebページの基本部分ができました。では、いよいよGoogleのAIモデルを使ってみることにしましょう。

Chapter 1
Chapter 2
Chapter 3
Chapter 4
Chapter 5
Chapter 6
Chapter 7
Chapter 8

Section 4-2 エンドポイントに アクセスする

JavaScript の Web アクセス機能

　では、JavaScript からどうやって Google の AI モデルを利用すればいいのでしょうか。ま
ず、誰もが思い浮かぶのは「Webにアクセスできるなら、エンドポイントにアクセスして結
果を受け取ればいいのでは？」というものでしょう。

　JavaScript にも、Webページにアクセスする機能は用意されています。「fetch」という関
数で、以下のように利用します。

```
fetch( アドレス，その他の情報 );
```

　第1引数にアクセスする URL を文字列で指定し、第2引数にはアクセス時に必要となる情
報をオブジェクトにまとめたものを用意します。これは、だいたい以下のようなオブジェク
トになります。

```
{
  method: "POST",
  headers: ヘッダー情報,
  body: ボディコンテンツ
}
```

　エンドポイントの generateContent へのアクセスは POST メソッドを使います。これは、
method: "POST" と値を用意して対応します。

　headers にはヘッダー情報を指定します。これはヘッダー情報に用意しておく値をオブ
ジェクトにまとめたものを使います。

　body には、ボディコンテンツを指定します。これは、オブジェクトではなく文字列の値
を指定する必要があります。

fetchは非同期関数

　fetchの使い方自体は簡単ですが、注意したいのは「fetchは非同期関数である」という点です。非同期関数というのは、「実行したら、処理が終了するまで待たずに次に進む」というものです。つまり、fetchを実行すると、まだアクセスをしている途中なのにそのまま次に進んでしまうのです。アクセスの処理はバックグラウンドで実行されるため、その処理方法を知っておかないといけません。

　この処理方法は大きく2つあります。thenを利用する方法と、awaitを使う方法です。

thenでPromiseを処理する

　1つは、「then」というメソッドを使う方法です。fetchのような非同期処理は、実行時に「Promise」というオブジェクトを返します。これは、バックグラウンドで実行される処理に関する機能を提供するオブジェクトで、ここに用意されている「then」というメソッドを使うことで、バックグラウンドで実行されていた処理が完了した後のことを決められます。

```
fetch(○○).then(引数=> {…処理…} );
```

　このように、thenの引数に「アロー関数」と呼ばれる形の関数を用意しておきます。こうすると、バックグラウンド処理が完了すると、この関数が呼び出され、その引数にfetchの戻り値が渡されるようになります。後は、この引数を使って必要な処理を行います。

awaitで完了するまで待つ

　もう1つの方法は、「await」というものを使って、非同期処理が完了するまで待ってから処理を行うというものです。

```
変数 = await fetch(○○);
```

　このようにすると、非同期関数であるfetchの処理が完了するまで待ち、その戻り値を変数に代入します。これなら普通の関数と同じように扱えますね。

　ただし、このawaitは、async関数(非同期の関数)でしか使えません。async関数は、doActionのようにonClickなどには設定できません。この点、注意が必要です。

fetchしたコンテンツの取得

　さて、fetchの戻り値が得られたとしましょう。戻り値は、HttpResponseというオブジェクトで、ここから「json」というメソッドを使うことで、返されたJSONデータをJavaScriptのオブジェクトとして取り出すことができます。

しかし、この json メソッドも、実は非同期関数なのです。従って、then を使うか、あるいは await する必要があります。まとめると、こうなるわけです。

●then で処理する

```
fetch(○○)
    .then(response=>response.json())
    .then(result=>{…処理…});
```

●await する

```
const response = await fetch(○○);
const result = await response.json();
……result を処理する……
```

どちらにしても、ちょっとわかりにくい処理ですね。非同期の処理には、慣れが必要です。実際に何度も書いて動かし、使い方をきっちりと覚えていきましょう。

fetch で AI モデルにアクセスする

では、実際に fetch 関数を使って Google の AI モデルにアクセスをしてみましょう。index.html を開き、以下のようにコードを書き換えます。だいぶ長くなっているので間違えないように注意してください。なお、《API キー》には各自の API キーの値を指定してください。

リスト4-5

```
<html lang="ja">
<head>
<meta name="viewport" content="width=device-width, initial-scale=1">
<link href="https://cdn.jsdelivr.net/npm/bootstrap/dist/css/bootstrap.min.css"
    rel="stylesheet" crossorigin="anonymous">
<script>
function doAccess() {
  // エレメントの取得
  const input = document.querySelector("#input");
  const message = document.querySelector("#message");

  // API キーと URL 関係の準備
  const API_KEY = "《API キー》";
```

```
    const base_url = 'https://generativelanguage.googleapis.com/v1beta/';
    const model_name = 'models/gemini-pro:generateContent';
    const url = base_url + model_name + '?key=' + API_KEY;

    // ヘッダー情報の用意
    const header = {
      "Content-Type": "application/json"
    }
    // ボディコンテンツの用意
    const body = {
      "contents": [
        {
          "parts":[
            {"text": input.value}
          ]
        }
      ]
    }
    body_json = JSON.stringify(body);

    // エンドポイントにアクセス
    fetch(url, {
      method: "POST",
      headers: header,
      body: body_json
    })
    .then(response=> response.json())
    .then(result=> {
      const content = result.candidates[0].content.parts[0].text;
      message.innerHTML = content;
    });
}

function doAction() {
  doAccess();
}
</script>

</head>
<body class="container">
  <h1 class="display-6 my-4">Google AI</h1>
  <div class="row">
    <div class="col">
      <div class="input-group">
        <input type="text" id="input"
```

```
                              class="form-control"/>
        </div>
      </div>
      <div class="col-2">
        <div class="input-group-append">
          <button onClick="doAction();"
          class="btn btn-primary">Generate</button>
        </div>
      </div>
    </div>
    <hr>
    <div class="card">
      <div class="card-body">
        <p id="message" class="card-text">no content...</p>
      </div>
    </div>
  </body>
</html>
```

図 4-20　プロンプトを書いてボタンをクリックすると、AIから応答が表示された！

　ページをリロードしたら、入力フィールドにプロンプトを記入し、ボタンをクリックしてください。下のメッセージ表示のエリアに「wait...」と表示され、しばらく待っていると応答が表示されます。

　なお、実行するとエラーになって動かない場合があるでしょう。これはコードの記述間違いなどだけでなく、正しく記述し動いているのに実行時にエラーになるケースも含まれます。
　現状では、AIモデルは状況によって応答できずにエラーを返すことがあります。エラー

になった場合は、コードをよく確認し、問題ないのであれば時間をおいて再度試してください。

処理の流れを整理する

では、ここで行っている処理を見ていきましょう。ここでは、ボタンクリックのdoActionからdoAccessという関数を呼び出しています。この関数で、AIモデルへのアクセスを行っています。

ここでは、まず<input id="input">と<p id="message">のエレメントをそれぞれ定数inputとmessageに取り出しています。それから、アクセスするエンドポイントのURLを定数urlに取り出しています。エンドポイントは、モデル名やAPIキーなど各種の情報がパスに設定されているので、それぞれの値を定数に取り出し、それらを組み合わせてurlを作成するようにしてあります。こうすることで、試用するモデルなどを変更するときも、その値だけを書き換えれば対応できます。

ヘッダー情報

fetchによるアクセスに必要なのは、ヘッダー情報とボディコンテンツでしょう。ヘッダー情報は、オブジェクトとして用意します。

```
const header = {
  "Content-Type": "application/json"
}
```

ここでは、Content-Typeの値だけ用意してあります。これでJSONデータでコンテンツが渡されることになります。

ボディコンテンツ

続いて、ボディコンテンツです。先にcurlでエンドポイントにアクセスしたときのことを思い出してください。かなり複雑な形をしていましたね。

```
const body = {
  "contents": [
    {
      "parts":[
        {"text": input.value}
      ]
```

Chapter 1
Chapter 2
Chapter 3
Chapter 4
Chapter 5
Chapter 6
Chapter 7
Chapter 8

```
      }
   ]
}
```

　こうなりました。partsのtextに、input.valueを指定して入力したテキストが渡されるようにしてあります。

　これでボディコンテンツが用意できました。しかし、このままではダメです。このオブジェクトを文字列に変換する必要があります。

```
body_json = JSON.stringify(body);
```

　JavaScriptのオブジェクトをJSONフォーマットの文字列に変換するには、JSONオブジェクトの「stringify」メソッドを使います。引数にオブジェクトを指定することで、その内容をJSONデータとして返します。

fetchの実行

　これで、必要なデータは用意できました。では、これらを使ってエンドポイントにアクセスを行いましょう。

```
fetch(url, {
   method: "POST",
   headers: header,
   body: body_json
})
```

　これでアクセスが実行されます。第2引数のオブジェクトには、method、headers、bodyという値を用意します。

　これでfetchが実行されました。これは非同期ですから、戻り値はthenで処理しないといけません。それを行っているのが以下の部分です。

```
.then(response=> response.json())
```

　引数の関数では、responseのjsonメソッドを呼び出してJSONデータをオブジェクトとして取り出しています。これも非同期なので、戻り値はthenで処理します。それが以下の部分になります。

```
.then(result=> {
   const content = result.candidates[0].content.parts[0].text;
```

```
    message.innerHTML = content;
});
```

　thenの引数に用意されたアロー関数で結果の表示を行っています。まず、戻り値から result.candidates[0].content.parts[0].textの値を取り出しています。わかりにくいですが、これはcurlの戻り値とまったく同じ構造になっていることはわかるでしょう。candidates のリストの最初の値からcontentを取り出し、それに入っているメッセージのオブジェクト からparts[0]の値のtextを取り出します。

　後は、取り出した値をinnerHTMLでmessageに表示するだけです。

---

 fetchは万能ではない！　　　　　　　　　　　　　　　　　**Column**

　今回、fetch関数でモデルにアクセスできましたが、これを見て「fetchを使えばどんなWebサイトにもアクセスできるんだ」とは思わないでください。Webブラウザ のJavaScriptには外部サイトへのアクセスについて厳しい制約があります。アクセスできるのは実行するJavaScriptのコードが用意されているのと同じ場所にある ファイルだけで、外部のサイトにはアクセスできないのです。

　しかし、それでは非常に不自由ですし、サイトによっては「どこからでもアクセス していいよ」という方針のところもあります。そこでWebサイトに外部からのアクセスに関する設定を用意し、それによって外部からアクセスできるようになっています。これは「CORS（Cross-Origin Resource Sharing、オリジン間リソース共有）」 というもので、このCORSにより、Google Generative AIのエンドポイントはどこ からでもアクセス可能になっています。

 ## コードを分割する

　これで、fetchを使ってAIモデルのエンドポイントにアクセスし、応答を取り出すことが できるようになりました。ただ、コードが結構長くなったため、index.html全体の見通し が悪くなり、わかりにくくなってしまったのは残念です。

　そこで、主要コード部分をJavaScriptファイルに切り離し、2つのファイルに分割しても う少し見通しのよいコードにしましょう。

　まず、JavaScriptファイルを作成します。VSCodeのエクスプローラーで「新しいファイル」 アイコンをクリックし、「script.js」とファイル名を入力してください。

Chapter 1
Chapter 2
Chapter 3
Chapter 4
Chapter 5
Chapter 6
Chapter 7
Chapter 8

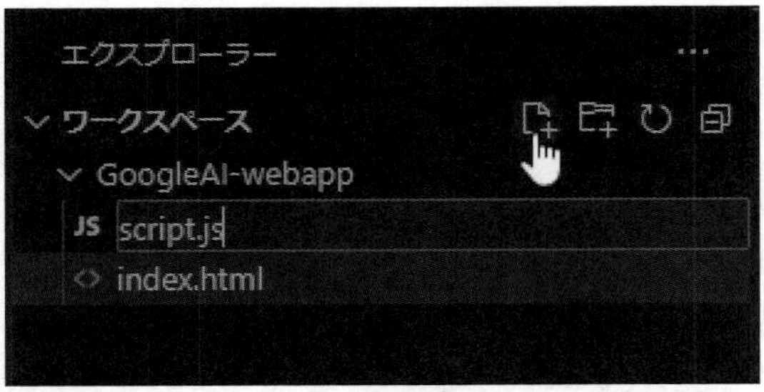

図 4-21 新しいファイルを作り、「script.js」と名前をつける。

script.js に doAccess 関数を移す

作成した script.js に、doAccess 関数を移します。ファイルを開き、以下のコードを記述してください。なお《API キー》には各自の API キーを指定しておきます。

リスト4-6
```javascript
async function doAccess(prompt) {
  const API_KEY ="《API キー》";
  const base_url = 'https://generativelanguage.googleapis.com/v1beta/';
  const model_name = 'models/gemini-pro';
  const url = base_url + model_name + ':generateContent?key=' + API_KEY;

  const header = {
    "Content-Type": "application/json"
  }
  const body = {
    "contents": [
      {
        "parts":[
          {"text": prompt}
        ]
      }
    ]
  }
  body_json = JSON.stringify(body);

  const response = await fetch(url, {
    method: "POST",
    headers: header,
    body: body_json
  });
  const result = await response.json();
```

```
    const content = result.candidates[0].content.parts[0].text;
    return content;
}
```

よく見るとわかりますが、実は微妙に内容を変更しています。まず、関数の定義をしている部分をみてください。

```
async function doAccess(prompt) {
```

doAccess(prompt)というようにプロンプトのテキストを引数として渡すようにしてあります。そしてよく見ると関数の冒頭に「async」とありますね。そう、この関数は非同期関数として定義されているのです。

そして、fetchでエンドポイントにアクセスし、結果を取得する処理部分を見ると、このようになっているのがわかります。

```
const response = await fetch(url, {
    method: "POST",
    headers: header,
    body: body_json
});
const result = await response.json();
const content = result.candidates[0].content.parts[0].text;
return content;
```

fetchもresponse.jsonも「await」がついています。これにより、非同期だけれど処理が完了するまで待って値を戻り値として返すようにしています。thenがなくなり、やっていることがスッキリとよくわかるようになりました。

そして最後に、得られた応答のテキストをreturnで返しています。これで、呼び出した側に値が返され利用できるようになりました。

index.htmlを修正する

では、index.htmlのコードを修正しましょう。以下のように内容を書き換えてください。なお、<body> 〜 </body>の部分は変更がないので省略してあります。

リスト4-7
```
<html lang="ja">
<head>
<meta name="viewport" content="width=device-width, initial-scale=1">
```

```
<link href="https://cdn.jsdelivr.net/npm/bootstrap/dist/css/bootstrap.min.css"
    rel="stylesheet" crossorigin="anonymous">
<script src="script.js"></script>
<script>
async function doFetch(prompt) {
  const res = await doAccess(prompt);
  const message = document.querySelector("#message");
  message.innerHTML = res;
}

function doAction() {
  const input = document.querySelector("#input");
  const message = document.querySelector("#message");

  doFetch(input.value);
  message.textContent = "wait...";
}
</script>

</head>
<body class="container">

    ……変更なし……

</body>
</html>
```

　ここでは、作成したscript.jsを読み込んで利用できるようにしています。それを行っているのが以下の部分です。

```
<script src="script.js"></script>
```

　srcで読み込むスクリプトファイルを指定することで、そのファイルに記述された関数などが使えるようになります。

　doActionから呼び出しているdoFetch関数も、asyncがついて非同期関数となっています。その中で、以下のようにしてscript.jsに移したdoAccessを呼び出しています。

```
const res = await doAccess(prompt);
```

　doAccessは非同期ですが、awaitすることで処理が完了してから値を受け取れるようにできます。これで応答のテキストがresに取り出せるので、後はこれをmessage.

innerHTMLで表示するだけです。

　では、非同期になったdoFetch関数の呼び出しはどうなっているのでしょうか。doAction関数を見ると、こうなっていますね。

```
doFetch(input.value);
```

　ただ、入力されたプロンプトを引数に指定して呼び出しているだけです。doFetchは、戻り値などがなく、ただ呼び出すだけの関数ですから、これでいいのです。thenやawaitを用意しているのは、「非同期の関数から戻り値を受け取る」場合です。ただ実行するだけなら、このように非同期であってもなくても代わりはありません。

Markdownをレンダリングする

　これでWebページはほぼ完成です。ただし、もう少しだけ修正したいところがあります。それは「結果の表示」です。

　Gemini Proでは、応答はMarkdownを使って表示スタイルを設定して出力されます。これをそのまま表示するだけだと、かなり見づらくなります。Markdownの記号をもとにスタイルを設定して表示すれば、はるかに見やすい応答になります。

　JavaScriptにはMarkdownのソースコードをHTMLコードに変換するパッケージがいろいろとリリースされています。ここでは「marked.js」というライブラリを利用してみましょう。これを利用すると、非常にシンプルな操作でMarkdownのコードをHTMLコードに変換できます。

　まず、index.htmlの<head>〜</head>内に以下のコードを追記してください。

リスト4-8

```
<script src="https://cdn.jsdelivr.net/npm/marked/marked.min.js"></script>
```

　これでmarked.jsが読み込まれます。続いて、doFetch関数のコードを以下のように書き換えてください。

リスト4-9

```
async function doFetch(prompt) {
  const message = document.querySelector("#message");

  const res = await doit(prompt);
  message.innerHTML = marked.parse(res); //☆
}
```

図4-22 応答がMarkdownを使ってスタイル設定されるようになった。

　修正したのは☆マークの部分です。innerHTMLに代入する値をmarked.parse(res)としていますね。markedの「parse」メソッドは、引数に用意したMarkdownのコードをHTMLコードに変換します。これで変換したものをinnerHTMLに設定することで、きれいにデザインされた形で応答が表示されるようになります。

　これで、エンドポイントにアクセスして応答を受け取り、きれいにスタイルを割り当てて表示する、という一連の処理ができるようになりました！

Google AI JavaScript SDKを利用する

Section 4-3

 ## Google AI JavaScript SDK について

Chapter
1

Chapter
2

Chapter
3

Chapter
4

Chapter
5

Chapter
6

Chapter
7

Chapter
8

fetchを使ったエンドポイントへのアクセスは、fetch自体が非同期関数なこともあって、意外とわかりにくいものです。もっとシンプルに利用できる方法はないのか？　と思ったかもしれません。

Googleは、Generative AIを利用するためのJavaScriptライブラリも用意しています。これを利用することで、もっとわかりやすくAIモデルにアクセスできるようになります。ただし、このライブラリは、Node.jsというJavaScriptエンジンを使ったアプリケーション開発を念頭において設計されているため、ただ<script>で読み込めば使えるというものではありません。

Googleが公開しているライブラリは「Google AI JavaScript SDK」と呼ばれるものです。これはCDNで公開されていますが、「モジュール」と呼ばれる形で定義されているため、Webページから使うためには利用の仕方をよく理解しておかないといけないのです。

importマップを用意する

最初に行うのは、「importマップ」の用意です。importマップとは、各種のモジュールをインポートする際に、それらのモジュールのパスやURLを別の名前に割り付ける機能です。これにより、CDNで公開されているライブラリを特定の名前のモジュールとして割り当てることができます。

このimportマップは、以下のようなタグを使って記述します。

```
<script type="importmap">
  ……内容……
</script>
```

type="importmap"を指定することで、この<script>の内容がimportマップであることを認識するようになります。

importマップの記述は以下のような形になります。

```
{
  "imports": {
    "エイリアス名": "パスやアドレス",
    ……必要なだけ記述……
  }
}
```

"imports"というところに、ライブラリにエイリアス(別名)を割り当てるための設定情報を記述します。例えば、"aaa": "script.js"とすれば、script.jsのモジュールをaaaという名前でインポートして使えるようになります。

ただし、インポートするためのimportというキーワードは、Webページに記述する一般的なスクリプトでは使えません。モジュールでのみ利用することができます。

Google AI JavaScript SDKのimportマップ

では、Google AI JavaScript SDKを利用する場合、どのようにimportマップを記述すればいいのでしょうか。これは、以下のようになります(これは、まだ記述する必要はありません)。

リスト4-10

```
{
  "imports": {
    "@google/generative-ai": "https://esm.run/@google/generative-ai"
  }
}
```

https://esm.run/@google/generative-aiというのが、ライブラリを公開しているCDNのURLです。これにより、"@google/generative-ai"という名前でモジュールを利用できるようになります。

 ## モジュールの利用

JavaScriptには「モジュール」と呼ばれるものがあります。これは、JavaScriptの一般的なライブラリとは少し違います。

例えば、先ほどfetchを使ってエンドポイントにアクセスするWebページを作ったとき、実際にアクセスを行う部分をscript.jsというファイルに切り分けましたね。このスクリプトは、<script>で読み込むことで、その中にある関数などが使えるようになりました。

　このようなものは、一般的なライブラリです。ライブラリは<script>で読み込むと、その
ファイルに記述してある関数などがすべて使えるようになります。

　これに対して、モジュールは、ファイルに用意されている関数などがそのまま使えるよう
にはなりません。モジュール側で、外部から読み込んで利用できる機能を定義しておくよう
になっています。そして利用する側も、モジュールから使いたい機能を明示的にインポート
して利用します。ライブラリと違い、「このモジュールのこの機能を利用したい」ということ
を明確に指示し、それだけを読み込んで使えるようにできるのです。

モジュールは、モジュールでのみ使える

　このモジュールは、実は通常のスクリプトでは使えません。モジュールとして定義された
スクリプトでのみ利用することができます。モジュールは、以下のような形で定義します。

```
<script type="module">
　……モジュールの内容……
</script>
```

　type="module"を指定することで、この<script>〜</script>のコードをモジュールとし
て扱うようになります。

　モジュール内では、別のモジュールの機能を以下のようにしてインポートできます。

```
import 名前 from モジュール;
```

　モジュールを指定し、その中からインポートとしたいオブジェクトなどの名前を指定する
ことで、その機能だけを読み込みます。

GoogleGenerativeAIのインポート

　Google AI JavaScript SDKを利用する場合、先ほどimportマップで割り当てた@
google/generative-aiというエイリアスのモジュールから「GoogleGenerativeAI」というオ
ブジェクトをインポートして使います。これは以下のようになります(まだ記述する必要は
ありません)。

リスト4-11

```
import { GoogleGenerativeAI } from "@google/generative-ai";
```

　これで、モジュール内でGoogleGenerativeAIオブジェクトが使えるようになります。後
は、このオブジェクトでAIモデルにアクセスする方法を学ぶだけです。

Chapter 1
Chapter 2
Chapter 3
Chapter 4
Chapter 5
Chapter 6
Chapter 7
Chapter 8。

GoogleGenerativeAI の利用

では、この GoogleGenerativeAI というオブジェクトの使い方を説明しましょう。この GoogleGenerativeAI はクラスです。最初に行うのは、インスタンスを作成する作業です。

```
変数 = new GoogleGenerativeAI(《APIキー》);
```

引数には、各自の API キーを指定します。これでインスタンスが用意できました。後はそこからメソッドを呼び出すだけです。

GenerativeModel を利用する

AI にプロンプトを送信して応答を得るには、利用するモデルのオブジェクトを「getGenerativeModel」というメソッドで取得します。

```
変数 =《GoogleGenerativeAI》.getGenerativeModel(
  { model: モデル名 }
);
```

引数には、モデルに関する情報をオブジェクトにまとめたものを用意します。ここでは、「model」という項目にモデル名を指定してください。これにより、そのモデルの GenerativeModel オブジェクトが取得されます。

モデル用意のコード

では、ここまでの部分をコードにしてみましょう。ここでは Gemini Pro の GenerativeModel オブジェクトを用意するコードを考えます。《API キー》には各自の API コードを指定します(まだコードは記述しません。そのまま読み進めてください)。

リスト4-12
```
const API_KEY = "《APIキー》";

const genAI = new GoogleGenerativeAI(API_KEY);

const model = genAI.getGenerativeModel(
  { model: "gemini-pro"}
);
```

これで、model という定数に Gemini Pro を利用するための GenerativeModel オブジェクトが用意できました。これを利用して、AI にアクセスを行います。

AIにアクセスする

では、モデルにプロンプトを送って応答を得る処理を作成しましょう。これは「generateContent」というメソッドとして用意されています。

```
《GenerativeModel》.generateContent( プロンプト );
```

このように、引数にプロンプトの文字列を用意することで、そのプロンプトをモデルに送信します。

ただし、注意してほしいのは、このメソッドは非同期である、という点です。従って、戻り値をthenで処理するか、あるいは非同期関数内でawaitをつけて実行するかしなければいけません。

実行した後の戻り値はオブジェクトになっており、その中のresponseというところに応答関係の情報がまとめられています。ここからtextという値を取り出せば、応答のテキストが得られます。

整理すると、generateContentでプロンプトを送って応答を得る処理は、以下のようになります(まだコードは記述しません)。

リスト4-13

```
const result = await model.generateContent(prompt);
const response = await result.response;
const content = response.text();
```

ここでは、promptという変数にプロンプトが保管されているものとして記述してあります。これで、contentという定数に応答のテキストが取り出されます。

これでAI利用の全体の流れがだいたいわかりました。後は、実際のWebページでこれらを記述し、実行できるようにまとめるだけです。

GoogleGenerativeAIを実装する

では、実際にGoogleGenerativeAIを使ってGemini Proにアクセスし応答を表示するWebページを作成してみましょう。今回も、先に使ったindex.htmlをそのまま書き換えて使うことにします。

ファイルを開いて以下のコードを記述してください。《APIキー》には各自のAPIキーを記述しましょう。

Chapter
1

Chapter
2

Chapter
3

Chapter
4

Chapter
5

Chapter
6

Chapter
7

Chapter
8

リスト4-14

```html
<html lang="ja">
<head>
<meta name="viewport" content="width=device-width, initial-scale=1">
<link href="https://cdn.jsdelivr.net/npm/bootstrap/dist/css/bootstrap.min.css"
    rel="stylesheet" crossorigin="anonymous">
<script type="importmap">
{
  "imports": {
    "@google/generative-ai": "https://esm.run/@google/generative-ai"
  }
}
</script>

<script type="module">
import { GoogleGenerativeAI } from "@google/generative-ai";

const API_KEY = " 《APIキー》 ";

const genAI = new GoogleGenerativeAI(API_KEY);

const model = genAI.getGenerativeModel(
  { model: "gemini-pro"}
);

window.getMessage = async function(prompt, message) {
  message .innerHTML = "<p>wait...</p>";
  const result = await model.generateContent(prompt);
  const response = await result.response;
  const content = response.text();
  message.innerHTML = content;
}
</script>

<script>
function doAction() {
  const input = document.querySelector("#input");
  const message = document.querySelector("#message");
  getMessage(input.value, message);
}
</script>
</head>
<body class="container">
  <h1 class="display-6 my-4">Google AI</h1>
  <div class="row">
```

```
      <div class="col">
        <div class="input-group">
          <input type="text" id="input"
              class="form-control"/>
        </div>
      </div>
      <div class="col-2">
        <div class="input-group-append">
          <button onClick="doAction();"
            class="btn btn-primary">Generate</button>
        </div>
      </div>
    </div>
    <hr>
    <div class="card g-2">
      <div class="card-body">
        <p id="message" class="card-text">no content...</p>
      </div>
    </div>
  </body>
</html>
```

Chapter
1

Chapter
2

Chapter
3

Chapter
4

Chapter
5

Chapter
6

Chapter
7

Chapter
8

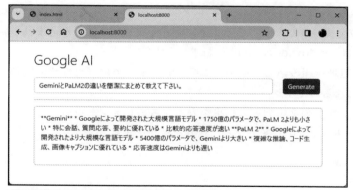

図 4-23　プロンプトを送ると応答が表示される。

　記述したらファイルを保存し、Webブラウザで表示してください。なお、このコードはファイルを直接開いて動かすことはできません。必ずWebサーバーを起動し、それにアクセスして使ってください。

　プロンプトを記入してボタンをクリックすると、しばらく待ってから応答がメッセージのエリアに表示されます。今回はまだMarkdownの変換処理は用意してないので、表示されるのはただのテキストですが、問題なく動くことは確認できるでしょう。

　なお、SDKライブラリを利用した場合であっても、時々モデルが応答できずにエラーを返すことがあります。エラーになった場合は少し時間をおいて再度試してみてください。

window オブジェクトの利用

では、コードを見てみましょう。今回のコードでは、JavaScriptのスクリプトは3つの\<script>に分かれています。importマップ、モジュール、通常のスクリプトの3つです。

importマップは、すでに説明したコードが記述されているだけです。重要なのは、モジュールのスクリプトです。ここではGenerativeModelオブジェクトを定数modelに取得した後、モデルにアクセスする処理を以下のような形で用意しています。

```javascript
window.getMessage = async function(prompt, message) {
    ……略……
}
```

これは何をしているのか？ というと、windowオブジェクトにgetMessageというメソッドを組み込んでいるのです。

モジュールでは、関数などを作成しても、それを外部から利用することができません。モジュールの機能が利用できるのは、モジュールだけです。従って、通常のスクリプトから利用できるようにするためには、別の方法を考える必要があります。

windowというのは、ブラウザ環境においてJavaScriptのすべてのオブジェクトが組み込まれている土台となるものです。ブラウザ用に用意されているすべてのオブジェクトは、このwindowに組み込まれています。例えば、エレメントを取得するのにdocument.querySelectorというものを使いましたが、このdocumentもwindowに組み込まれているのです（ですから、正しくはwindow.documentと記述します）。

window.getMessageに処理を組み込むことで、このgettMessageはブラウザ環境のどこからでも利用できるようになるのです。

getMessageでは、プロンプトの文字列と、結果を表示するエレメントを引数に渡すようにしてあります。これらを使って、応答をモデルに送り、結果を表示します。

getMessage の処理

では、このgetMessageで行っている処理を見てみましょう。以下のようなことを行っていますね。

```javascript
message .innerHTML = "<p>wait...</p>";
const result = await model.generateContent(prompt);
const response = await result.response;
const content = response.text();
message.innerHTML =content;
```

　getMessageはasync関数として定義しているため、非同期メソッドはawaitで完了してから戻り値を受け取るようにしています。generateContentで戻り値をresultに取り出し、result.responseでレスポンスをresponseに取り出し、response.text()で応答のテキストをcontentに取り出します。

ボタンクリックの処理

　これでモジュールは用意できました。後は、通常のスクリプトを用意します。ここではボタンクリックの処理doAction関数を以下のように用意しています。

```
function doAction() {
  const input = document.querySelector("#input");
  const message = document.querySelector("#message");
  getMessage(input.value, message);
}
```

　id="input"とid="message"のエレメントを取り出し、getMessageを呼び出していますね。windowオブジェクトに組み込まれた関数などは、windowを省略して書くことができます。window.getMessageは、ただgetMessageだけで呼び出せます。

　このgetMessageは非同期関数ですが、戻り値などはないので、このようにただ呼び出すだけで問題ありません。

Markdownでレンダリングして完成

　これで、GoogleGenerativeAIを利用した処理ができました。動作することを確認したら、最後にMarkdownの処理を追加しておきましょう。

　まず、<head> ～ </head>内に以下の文を追記します。

リスト4-15

```
<script src="https://cdn.jsdelivr.net/npm/marked/marked.min.js"></script>
```

　これでmarked.jsが読み込まれ利用できるようになりました。そして、index.htmlの<script type="module">に記述したgetMessageを以下のように修正します。

リスト4-16

```
window.getMessage = async function(prompt, message) {
  message .innerHTML = "<p>wait...</p>";
  const result = await model.generateContent(prompt);
  const response = await result.response;
```

```
  const content = response.text();
  message.innerHTML = marked.parse(content);  // ☆
}
```

Chapter
1

Chapter
2

Chapter
3

Chapter
4

Chapter
5

Chapter
6

Chapter
7

Chapter
8

図 4-24 応答がスタイルを適用して表示されるようになった。

　修正したのは、☆マークの文だけです。innerHTMLに代入する値をmarked.
parse(content)と修正しておきました。これで応答がMarkdownをもとにスタイルを適用
され表示されるようになりました。

 ## コードを分割する

　これで一応コードは完成しましたが、すべてindex.htmlに記述した状態では全体が把握
しづらいですね。スクリプトとHTMLを別ファイルに切り分けることにしましょう。

　先にfetchを利用したときは、スクリプトを別のJavaScriptファイルに移すだけだったの
で簡単でした。しかし、今回のコードは、通常のスクリプトとモジュールがあるため注意が
必要です。

　今回は、以下の3つにファイルを切り分けます。

HTMLファイル	HTMLのコードと、importマップ
モジュール	type="module"で用意したモジュールのコード
スクリプト	通常の<script>で記述したコード

　importマップのコードは、他のファイルに切り分けることはできません。これは、必ずHTML内に用意する必要があります。

　モジュールのコードは別ファイルにできますが、ここで注意したいのは「モジュールで利用するライブラリはすべてimportでインポートする」という点です。ここではmarked.jsを利用していますが、これもモジュールのコードで利用するならimportして読み込まないといけません。

　doActionを記述した部分は、普通のスクリプトファイルとして切り分けることができます。これは特に注意すべき点はありません。

HTMLファイルのコード

　では、順に作成していきましょう。まずは、HTMLのコードです。index.htmlを開き、以下のように修正してください。

リスト4-17

```html
<html lang="ja">
<head>
<meta name="viewport" content="width=device-width, initial-scale=1">
<link href="https://cdn.jsdelivr.net/npm/bootstrap/dist/css/bootstrap.min.css"
    rel="stylesheet" crossorigin="anonymous">
<script type="importmap">
{
  "imports": {
    "@google/generative-ai": "https://esm.run/@google/generative-ai",
    "marked": "https://cdn.jsdelivr.net/npm/marked/marked.min.js"
  }
}
</script>
<script type="module" src="module.js"></script>
<script src="script.js"></script>
</head>
<body class="container">

    ……変更ないため省略……

</body>
</html>
```

　ここでは、importマップに"marked"という項目を追加しています。これはmarked.jsのライブラリのエイリアスです。これを指定してモジュールからimportできるようにします。

Chapter 1
Chapter 2
Chapter 3
Chapter 4
Chapter 5
Chapter 6
Chapter 7
Chapter 8

module.js モジュールの作成

　続いて、モジュールを用意しましょう。VSCodeのエクスプローラーで「新しいファイル」アイコンをクリックし、「module.js」という名前でファイルを作成してください。そして以下のコードを記述します。なお《APIキー》には各自のAPIキーを記述してください。

図 4-25　「module.js」というファイルを作成する。

リスト4-18

```javascript
import { GoogleGenerativeAI } from "@google/generative-ai";
import "marked";

const API_KEY = "《APIキー》";

const genAI = new GoogleGenerativeAI(API_KEY);

var model = genAI.getGenerativeModel(
  { model: "gemini-pro"}
);

window.getMessage = async function(prompt, message) {
  message.innerHTML = "<p>wait...</p>";
  const result = await model.generateContent(prompt);
  const response = await result.response;
  const content = response.text();
  message.innerHTML = marked.parse(content);
}
```

　基本的には type="module" のコードを移しただけですが、marked.jsを利用できるようにするため以下の文を追記してあります。

```javascript
import "marked";
```

これは、index.htmlのimportマップで用意したエイリアスです。これにより、marked.jsの内容が読み込まれ使えるようになります。これがないと、marked.parseでエラーになるので注意しましょう。

script.jsスクリプトファイルの修正

残るは、通常のスクリプトを用意するscript.jsです。このファイルを開き、以下のように内容を修正します。

リスト4-19

```
function doAction() {
  const message = document.querySelector("#message");
  const input = document.querySelector("#input");
  getMessage(input.value, message);
}
```

これで、スクリプトを別ファイルに切り分けることができました。ページをリロードし、動作を確認してください。

エラー時の対応について

これでAIモデルへのアクセスの基本はわかりました。最後に、エラー発生時の処理についても触れておきましょう。

実際にモデルへのアクセスを行ってみるとわかりますが、時々、モデルはエラーを発生させることがあります。このような場合はどうすればいいのでしょうか。

JavaScriptでは、通常とは違うイレギュラーな反応のことを「例外」といいます。こうした例外が発生した場合の処理を「例外処理」と呼びます。これは以下のような形で処理を行えます。

```
try {
  ……例外が発生するコード……
} catch (error) {
  ……例外時の処理……
}
```

tryの{}内に、例外が発生する可能性のあるコードを記述します。この部分で例外が発生すると、その後のcatchにジャンプします。catchの引数errorには、発生した例外に関する情報をまとめたオブジェクトが渡されます。ここから、どのような例外が発生したかなど

181

を調べることができます。

この構文の最大の利点は、「エラーになってもコードが停止しない」という点にあります。普通、何かのエラーが起きるとそこでプログラムは中断してしまうものですが、この構文を使うと処理は中断せず、catchでリカバリの処理を実行してそのまま実行し続けます。エラーが起きてもそれに対応しながら実行できるのです。

getMessage の例外に対応する

では、実際に例外処理を行ってみましょう。今回、例外が発生する可能性があるのは、GenerativeModelの「generateContent」メソッドでしょう。この部分で例外が発生してもいいようにgetMessageのコードを修正します。

リスト4-20

```javascript
window.getMessage = async function(prompt, message) {
  message.innerHTML = "<p>wait...</p>";
  try {
    const result = await model.generateContent(prompt);
    const response = await result.response;
    const content = response.text();
    message.innerHTML = marked.parse(content);
  } catch (error) {
    message.innerHTML = error;
  }
}
```

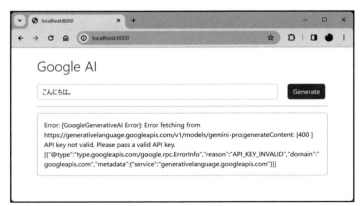

図 4-26 例外が発生すると、エラーメッセージが表示される。

修正したらページをリロードし、実際に試してみましょう。問題なく応答が得られればそのまま表示されますが、例外が発生するとエラーメッセージが表示されます。

ここでは、try内でmodel.generateContentを呼び出しています。これだけでなく、結果の応答を取り出してメッセージエリアに表示する処理もすべてtry内にありますね。try内で

作成した変数や定数は構文を抜けると使えなくなるので、取得した値を利用する処理までまとめてtry内に用意しておいたほうがコードはわかりやすくなります。

Column

「The model is overloaded.」エラーについて

generateContentの呼び出し時で割とよく発生するエラーの1つに、こういうものがあります。

```
Error: [GoogleGenerativeAI Error]: Error fetching from https://…
…:generateContent: [503 ] The model is overloaded. Please try again
later.
```

このエラーメッセージが発生した場合、モデルが過負荷になりリクエストを処理できなくなっている可能性があります。これはこちら側の問題ではなく、Googleのモデルの問題であるため、対処はできません。時間をおいて改めて実行してください。

Webページは絶対公開しない！

これで、WebページからAIにアクセスするプログラムがいろいろと作れるようになりました。ここまで説明をしておいて、こういうことはいいたくないのですが、とても重要なことなのでここではっきりといっておきます。

今回、作成したWebページは、絶対に公開しないでください！

Webページの技術はさまざまなところで使われています。例えばスマートフォンのアプリやパソコンのアプリでも、今ではWebページのように画面を作成してアプリ化する技法が広く使われています。こうしたところで、ここで学んだ「WebページからのAIアクセス」の技術を使うのは何の問題もありません。

しかし、普通のWebサイトで公開されているWebページで、今回学んだ技術を使ってはいけません。なぜか？ それは「APIキーが流出する」からです。Webページは、簡単にソースコードを見ることができます。ソースコードには、あなたが書いたAPIキーが記述されています。おそらく簡単にAPIキーが盗まれ、第3者に利用されてしまうでしょう。

この次の章で説明しますが、Webページで安全にAIアクセスを行いたいのであれば、サーバー側でAPIアクセスを行うような作りにする必要があります。

APIキーの入力を求める

　「でも、サーバープログラムまで作って動かすのは大変だ。もっと簡単に、Webページで AIにアクセスできるような方法はないのか？」

　そう思った人。そのような場合は、Webページにアクセスした人が自分でAPIキーを入 力するような作りにするとよいでしょう。アクセスした際にAPIキーが保存されているかど うかをチェックし、なければ入力を求めるのです。そして入力されたAPIキーを保存し、そ れをもとにアクセスすればいいでしょう。これならAPIキー流出の心配はありません。

　では、実際にそのように修正したコードを作成してみましょう。先に作成したmodule.js のコードを以下のように書き換えてみてください。

リスト4-21

```javascript
import { GoogleGenerativeAI } from "@google/generative-ai";
import "marked";

var API_KEY = null;

// APIキーをチェックする
function checkAPI() {
  const KEY_NAME = "google_api_key";
  if (API_KEY) {
    return true;
  }
  const key = localStorage.getItem(KEY_NAME);
  if (key) {
    API_KEY = key;
    return true;
  } else {
    const result = prompt("APIキーを入力:");
    if (result != null) {
      API_KEY = result;
      localStorage.setItem(KEY_NAME, result);
      return true;
    } else {
      return false;
    }
  }
}

window.getMessage = async function(prompt, message) {
  // APIキーがなければ終了
  if (!checkAPI()) {
```

```
      alert("APIキーが設定されていません。");
      return;
   }

   // APIキーでGoogleGenerativeAIを作成
   const genAI = new GoogleGenerativeAI(API_KEY);
   // GenerativeModelを作成
   const model = genAI.getGenerativeModel(
      { model: "gemini-pro"}
   );

   message.innerHTML = "<p>wait...</p>";
   var result = null;
   try {
      result = await model.generateContent(prompt);
   } catch (error) {
      message.innerHTML = error;
   }
   if (result) {
      const response = await result.response;
      const content = response.text();
      message.innerHTML = marked.parse(content);
   }
}
```

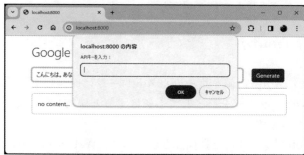

図 4-27 APIキーが設定されていないと入力を求める。

　修正したらWebページをリロードし、プロンプトを書いてボタンをクリックしてください。おそらく、APIキーの入力を求めるダイアログが表示されるでしょう。ここで自分のAPIキーをペーストしてOKすれば、その値をAPIキーとして使ってアクセスを行います。APIキーは、一度入力すれば、以後は入力することなく使い続けることができます。

　APIキーを持っておらず、ダイアログでキャンセルすると、「APIキーが設定されていません」というアラートが表示され、アクセスが終了します。

　実際にWebページを公開して誰でも使えるようにする場合、例えば間違ってAPIキーを

入力した場合の修正する機能など、いくつか改良しないといけないところはあります。しかし、基本的な考え方としては、このやり方で公開できる Web ページを作れます。

図 4-28 API キーを入力しなければアラートが表示される。

localStorage を利用する

　ここでは、ローカルストレージを使って API キーを管理しています。ローカルストレージというのは、Web ブラウザからローカル環境にデータを保存できる機能です。ここでは、以下のようにして保存された API キーを取り出しています。

```
const key = localStorage.getItem(KEY_NAME);
```

　localStorage というのが、ローカルストレージを扱うためのオブジェクトです。「getItem」は、引数に指定した名前の値を取り出します。

　API キーを入力したときは、以下のようにして値を保存しています。

```
localStorage.setItem(KEY_NAME, result);
```

　「setItem」は、第1引数の名前で第2引数の値をローカルストレージに保存します。ローカルストレージに保存すると、Web ブラウザを終了しても値はずっと保持し続けるため、いつでもその値を利用することができます。

　このローカルストレージは、Web ブラウザごとに保存されるので、Web ページから自分の API キーが外部に流出することはありません。API キーを持っている人しか使えませんが、安全を考えたならこれが最良の方法でしょう。

SDKの利用はWebページだけではない

　これで、Google AI JavaScript SDKを利用してモデルにアクセスする基本はだいたいわかりました。「WebページからGoogleのAIモデルにアクセスする」という目的はこれで達成できたでしょう。

　ただし、Pythonではパラメータの利用やチャットや構造化プロンプトの使い方など、さらに深くモデルの使い方を見ていきました。こうした機能はJavaScriptのSDKにはないのでしょうか。

　もちろん、そんなことはありません。こうした機能もいろいろとSDKに用意されています。ただし、それらは次の章で説明する予定です。

　Google AI JavaScript SDKは、Webページだけでなく、それ以外の開発でも使います。JavaScriptは、Node.jsというエンジンプログラムにより、ローカル環境で普通のプログラミング言語のように実行することができます。これにより、コマンドプログラムを作ったり、サーバープログラムを作成して本格的なWebアプリ開発をしたりするのに利用できるのです。

　こうしたWebページ以外のところでも、もちろんSDKは利用できます。これは、同じJavaScriptといってもかなりコーディングが違ってきます。この「もう1つのJavaScript」でSDKを利用する方法も理解しておきたいところです。

　次章で、この「Webページ以外のJavaScript開発」について説明をし、その中でさらにSDKを深く活用していくことにします。

Node.jsでAIを
利用しよう

JavaScriptは、Webページ以外でも使えます。ここでは、Node.js と い う JavaScript エ ン ジ ン を 使 っ て、JavaScriptのプログラムからAIを利用する方法を説明します。Google AI JavaScript SDK という専用ライブラリを利用する他、エンドポイントにアクセスする方法についても説明します。

Section 5-1 Node.jsによる プログラム作成

Node.jsを用意しよう

　前章で、WebページからGoogle Generative AIのモデルにアクセスする基本について説明しました。WebページではJavaScriptを使って処理を作成します。しかしJavaScriptは、Webページだけでしか使わないわけではありません。

　現在、Webページ以上に広く使われているJavaScript環境が「Node.js」です。これは、JavaScriptのエンジンプログラムです。JavaScriptのコードを読み込み命令を実行するもので、これによりJavaScriptはWebブラウザの外に利用が拡大されたのです。

　Node.jsが特に広く使われているのが、サーバー開発の世界です。Node.jsでは、Webサーバー開発のためのフレームワークなどが充実しており、クライアント（Webページ）もサーバーもすべてJavaScriptで開発するようなスタイルが広く認知されています。

　このNode.jsを利用すれば、JavaScriptでコマンドのプログラムを作ったり、Webサーバーの開発を行えます。その中で、AIにアクセスする処理を組み込めれば、開発の幅もグッと広がるでしょう。

　Node.jsは以下のURLで公開されています。まずはURLにアクセスし、インストーラをダウンロードしてください。アクセスしたページには2つのバージョンが表示されていますが、バージョン名に「LTS」とついている方をダウンロードしましょう。

```
https://nodejs.org/
```

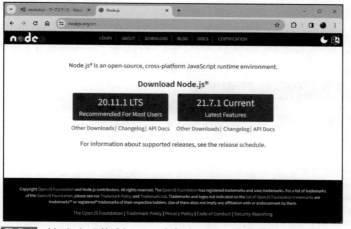

図 5-1 Node.jsのサイト。ここからインストーラをダウンロードする。

Windows版のインストール

　Windowsの場合、専用のインストーラがダウンロードされます。これをダブルクリックしてインストールを行います。以下の手順で作業を行ってください。

● 1. Welcome画面

　インストーラが起動すると「Welcome to the Node.js Setup Wizard」という表示が現れ、ハードディスクのチェックを開始します。これにはしばらく時間がかかります。「Next」ボタンが選択できるようになったらクリックして次に進みます。

図 5-2 Welcome画面。そのまま次に進む。

●2. ライセンスの利用許諾契約

「End-User License Agreement」という画面に進みます。これはライセンスの利用許諾契約の画面です。「I accept……」というチェックをクリックしてONにして次に進みます。

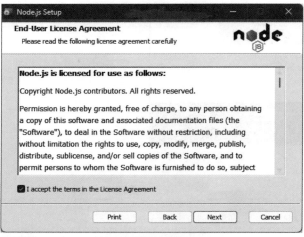

図 5-3 ライセンス利用許諾契約の画面。

●3. インストール場所の選択

「Destination Folder」という表示が現れます。これはインストールするフォルダーを選択するものです。特に理由がなければ、デフォルトで設定されているフォルダーのまま次に進みましょう。

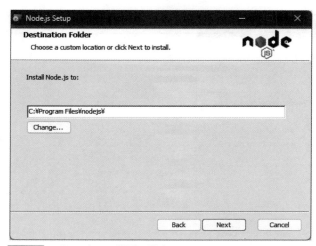

図 5-4 インストール場所の設定。

●4. カスタムセットアップ

「Custom Setup」画面に進みます。これはインストールに関するモジュールなどの設定を行うものです。デフォルトの設定のまま次に進みましょう。

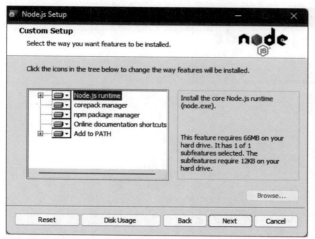

図 5-5　インストールモジュールの選択。

●5. ネイティブモジュールの設定

「Tools for Native Modules」という表示になります。これはネイティブモジュールに関するもので、デフォルトの状態のまま次に進んでください。

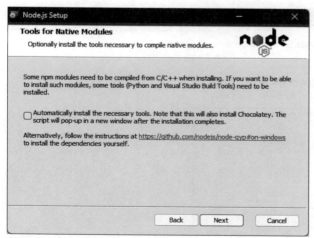

図 5-6　ネイティブモジュールの設定。

●6. 準備完了

「Ready to install Node.js」という表示になります。そのまま「Install」ボタンを押してインストールを行います。

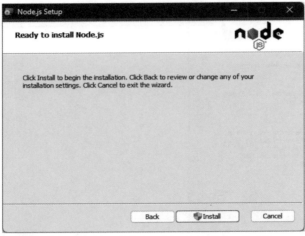

図 5-7 「Instal」ボタンをクリックしてインストールする。

●7. インストール完了

しばらく待っているとインストールが完了します。そのまま「Finish」ボタンをクリックしてインストールを終了しましょう。

図 5-8 「Finish」ボタンを押して終了する。

macOS版のインストール

macOSも専用はパッケージファイル形式のインストーラがダウンロードされます。これを起動し、以下の手順でインストールを行います。

●1. ようこそNode.jsインストーラへ

起動すると「ようこそNode.jsインストーラへ」と表示が現れます。そのまま「続ける」ボタンを押して次に進んでください。

図 5-9 「ようこそ」画面。

●2. 使用許諾契約

使用許諾契約の画面になります。「続ける」ボタンをクリックするとダイアログが現れるので「同意する」ボタンをクリックしてください。

図 5-10 使用許諾契約画面。

●3. インストール先の選択

インストールする場所を指定します。インストールするドライブのアイコンを選択してください。

図 5-11 インストール先の選択画面。

●4. "○○"に標準インストール

インストールの画面が表示されます。そのまま「インストール」ボタンをクリックし、管理権限のあるユーザーのパスワードを入力するとインストールを実行します。

図 5-12 「インストール」ボタンをクリックする。

●5. インストールが完了しました

　インストールが終了したら「閉じる」ボタンを押してインストーラを終了すれば、作業完了
です。

Chapter
1

Chapter
2

Chapter
3

Chapter
4

Chapter
5

Chapter
6

Chapter
7

Chapter
8

図 5-13　「閉じる」ボタンで終了する。

Node.jsを確認する

　インストールが無事にできたら、Node.jsがちゃんと使える状態になっているか確認しま
しょう。PowerShellやターミナルなどのコマンドを実行するアプリケーションを起動し、
以下を実行してください。

```
node -v
```

　これでNode.jsのバージョン番号が表示されれば問題なくNode.jsが動いています。

図 5-14　node -vでバージョンを表示する。

VSCodeを準備する

　では、Node.jsを使ったプログラムの作成を行いましょう。今回も、前章で使った
VSCodeを利用することにします。まず、ファイル類をまとめておくフォルダーを用意して
ください。デスクトップに「nodejs-app」という名前でフォルダーを作成しておきましょう。

図 5-15　「nodejs-app」という名前でフォルダーを用意する。

　続いて、VSCodeのWeb版で「nodejs-app」フォルダーを開きます。VSCodeを開いてい
る場合は、ページをリロードすると初期状態に戻るので、エクスプローラーから「フォルダー
を開く」ボタンでフォルダーを選択してください。

　あるいは、左上の「≡」アイコンをクリックし、現れたメニューから「ファイル」内の「フォ
ルダーを開く」メニューを選んでフォルダーを開くこともできます。

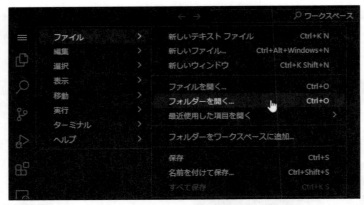

図 5-16　「フォルダーを開く」メニューでフォルダーを開く。

app.jsファイルを用意する

　では、フォルダー内にJavaScriptファイルを作成しましょう。エクスプローラーの「新し
いファイル」アイコンをクリックし、「app.js」という名前をつけておきます。

図 5-17 「app.js」ファイルを作成する。

　作成したapp.jsに簡単なコードを記入してみましょう。動作チェック用なので、ごく単純なものでいいでしょう。

リスト5-1
```
console.log("Hello JavaScript World!");
```

　これを記述し保存したら、ターミナルで実行します。まず、ターミナルで選択されている場所を「nodejs-app」に移動します。

```
cd Desktop
cd nodejs-app
```

　これでデスクトップの「nodejs-app」フォルダーに移動できます。では、フォルダーにあるapp.jsをNode.jsで実行しましょう。

```
node app.js
```

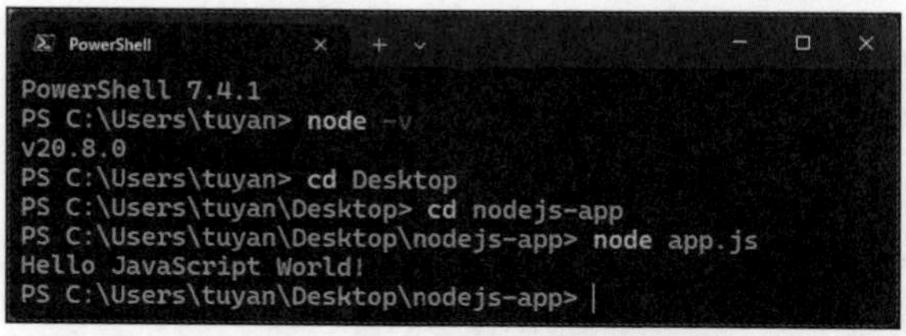

図 5-18 実行するとメッセージが表示される。

　これで、ターミナルに「Hello JavaScript World!」とメッセージが出力されます。これがサンプルで作成したコードの実行結果です。
　ここでは、「console.log」というものを実行していますね。こういうものです。

```
console.log( 値 );
```

　これは、引数に用意した値を出力して表示します。さまざまな結果を表示するのに多用されるので、ここで覚えておきましょう。
　なお、ターミナルはこの後も使いますので、閉じずにそのままにしておいてください。

プロジェクトを作成する

　使い方がわかったら、Google Generative AIを利用したコードを作成しましょう。前章で利用したGoogle AI JavaScript SDKは、Node.jsでも利用することができます。そのためには、いろいろと準備することがあります。それは、「nodejs-app」フォルダーをNode.jsのプロジェクトとして作成することです。

　プロジェクトというのは、プログラムの開発に必要なファイルやライブラリなどをまとめて管理する仕組みです。

　先ほどのサンプルのように、1つのファイルがあるだけのシンプルなプログラムならばそんなものはいりません。しかし、本格的なプログラムになると、ソースコードファイルだけでなくイメージやデータなどのファイル、そして各種のライブラリなどを組み合わせて開発することになるでしょう。そうなったとき、これらを一括して管理しプログラム開発を行うための仕組みが必要です。それがプロジェクトなのです。

プロジェクトを初期化する

　では、「nodejs-app」フォルダーをプロジェクトとして初期化しましょう。先ほどターミナルでapp.jsを実行しましたね。これは「nodejs-app」フォルダーが選択されている状態で実行しました。

　この状態のまま、以下のコマンドを実行してください。

```
npm init -y
```

```
PS C:\Users\tuyan\Desktop\nodejs-app> npm init -y
Wrote to C:\Users\tuyan\Desktop\nodejs-app\package.json:

{
  "name": "nodejs-app",
  "version": "1.0.0",
  "description": "",
  "main": "app.js",
  "scripts": {
    "test": "echo \"Error: no test specified\" && exit 1"
  },
  "keywords": [],
  "author": "",
  "license": "ISC"
}

PS C:\Users\tuyan\Desktop\nodejs-app>
```

図 5-19 フォルダーをプロジェクトとして初期化する。

これを実行すると、フォルダー内に「package.json」というファイルが作成されます。これは、プロジェクトに関する情報を記述したファイルです。これが用意されていると、このフォルダーはNode.jsのプロジェクトとして認識されるようになります。

「npm init」というのが、プロジェクトを初期化するコマンドです。-yは、すべての項目をYESにする(つまり、全部デフォルトの設定のままにする)というオプションです。

Google AI JavaScript SDKをインストールする

プロジェクトが準備できたら、Google AI JavaScript SDKを用意しましょう。Node.jsでは、各種のライブラリ類が「パッケージ」と呼ばれる形で用意されており、簡単なコマンドでプロジェクトにインストールできます。

では、ターミナルから以下のコマンドを実行してください。

```
npm install @google/generative-ai
```

図 5-20 Google AI JavaScript SDKのパッケージをインストールする。

これでパッケージがインストールされます。Google AI JavaScript SDK は「@google/generative-ai」という名前のパッケージとして用意されています。パッケージのインストールは「npm install」というコマンドを使って行えます。

```
npm install パッケージ
```

このように実行することで、指定のパッケージをプロジェクトにインストールすることができます。

インストールされるもの

パッケージをインストールすると、プロジェクト内に「node_modules」というフォルダーが作成されます。このフォルダーは、プロジェクトから参照するパッケージがまとめられるところです。インストールしたパッケージや、それらを実行するのに必要なパッケージ等はすべてこの中にまとめられます。

また、「package-lock.json」というファイルも作成されます。これはパッケージの依存関

係を固定するもので、自動的に生成されます。私たちがこのファイルを操作することはないので「そういうファイルが勝手に作られるらしい」ぐらいに考えておけばいいでしょう。

図 5-21 「node_modules」フォルダーと「package-lock.json」ファイルが追加される。

package.json について

これで必要なものが揃いました。準備が整ったところで、プロジェクトの情報を管理する「package.json」ファイルの内容をちょっと確認しておきましょう。

このファイルを開くと、おそらく以下のような内容が記述されているでしょう。

リスト5-2

```
{
  "name": "nodejs-app",
  "version": "1.0.0",
  "description": "",
  "main": "app.js",
  "scripts": {
    "test": "echo \"Error: no test specified\" && exit 1"
  },
  "keywords": [],
  "author": "",
  "license": "ISC",
  "dependencies": {
    "@google/generative-ai": "^0.3.0"
  }
}
```

ざっと見て気がついた人もいるでしょうが、これはJSONフォーマットで記述されています。ここで記述されている主な項目について簡単に説明しておきましょう。

"name"	プロジェクトの名前
"version"	プロジェクトバージョン
"description"	プロジェクトの説明
"main"	メインプログラム
"script"	コマンドとして実行できるスクリプトの定義
"author"	作者
"dependencies"	依存関係にあるパッケージ

　これらは、私たちが編集することはほとんどありません。ただし、"dependencies"の働きはよく頭に入れておいてください。プロジェクトで必要となるパッケージは、ここにまとめられています。パッケージ名だけでなく、インストールされているバージョンなども記述されているため、どのバージョンが使われているのか確認できます。

　ここでは、おそらく以下のような内容になっていることでしょう。

```
"dependencies": {
  "@google/generative-ai": "^0.3.0"
}
```

　"@google/generative-ai" というのがパッケージ名、その後の "^0.3.0" がバージョンの指定です。^0.3.0は、0.3.0以上が必要なことを示しています。このバージョンの値は違う値になっている場合もあります(本書出版後、アップデートされることもあるので)。

　もしインストールされているパッケージのバージョンを変更したいときは、"dependencies"に記述されているパッケージのバージョンを書き換え、「npm install」というコマンドを実行すれば、package.jsonの内容にプロジェクトを更新します。

　AI関係は頻繁にアップデートされますので、使っているパッケージとバージョンの管理方法ぐらいは知っておきたいですね。

Google AI JavaScript SDKを利用する

　では、Google AI JavaScript SDKを利用しましょう。Google AI JavaScript SDKの基本的な使い方は、すでに前章で説明しましたね。簡単に整理するとこうなります。

1. GoogleGenerativeAIをインポートする。
2. GoogleGenerativeAIインスタンスを作成する。

3. getGenerativeModel でモデルを作成する。

4. generateContent でモデルにアクセスする。

5. 戻り値から response を取り出し、そこから text を呼び出して応答を得る。

では、これらを踏まえて、Gemini Proにプロンプトを送って応答を得る簡単なコードを作成してみましょう。app.jsの内容を以下に書き換えてください。なお、《APIキー》には各自のAPIキーを指定してください。

リスト5-3

```javascript
const { GoogleGenerativeAI } = require("@google/generative-ai");

const API_KEY = "《APIキー》";
const genAI = new GoogleGenerativeAI(API_KEY);

async function run(prompt) {
  const model = genAI.getGenerativeModel({
    model: "gemini-pro"
  });
  console.log("prompt:", prompt);
  const result = await model.generateContent(prompt);
  const response = result.response;
  const content = response.text();
  console.log("AI: ", content);
}

run("こんにちは。自己紹介してください。");
```

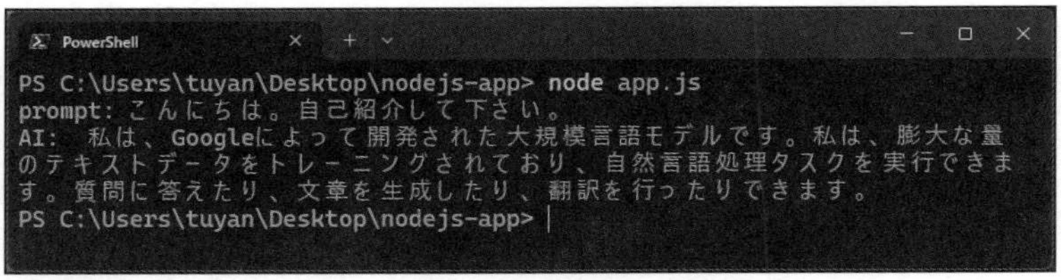

図 5-22 実行すると、プロンプトと応答が表示される。

実行すると、Gemini Proに「こんにちは。自己紹介してください。」というプロンプトを送信し、しばらく待つとその応答が表示されます。ごく基本的なコードですが、モデルへのアクセスは確認できるでしょう。

1つ注意しておきたいのは、冒頭の文です。require("@google/generative-ai") というのは、指定したプロジェクトから値を取り出すもので、ここでは GoogleGenerativeAI という定数にオブジェクトを設定しています。この require でモジュールからオブジェクトを取り込む方法は、Node.jsに特有のものですので覚えておきましょう。

　モデルにアクセスするgenerateContentが非同期なので、ここでは非同期関数を定義し、それを呼び出す形にしてあります。最初にnew GoogleGenerativeAIでオブジェクトを作成しておき、run関数ではそこからgetGenerativeModelを呼び出してGemini Proモデルのオブジェクトを用意しています。そしてgenerateContentでプロンプトを送り、戻り値から応答のテキストを取り出して表示しています。

　モデルアクセスの基本的な流れをよく確認しながらコードを理解してください。

テキスト入力するには？

　しかし、コードの中にrun("○○");というように実行するプロンプトを書いておくのでは、あまり使い道がありませんね。ユーザーがプロンプトを入力して実行できるようにしたいところです。

　これは、readlineというモジュールを利用することで可能になります。ごく単純なreadlineの使い方をコードで挙げておきましょう（参考例なので、実際にコードを書いて実行する必要はありません）。

リスト5-4

```
const readline = require('readline');

const rl = readline.createInterface({
  input: process.stdin,
  output: process.stdout
});

rl.question('入力: ', (text) => {
  console.log(text);
  rl.close();
});
```

図 5-23　テキストを入力しEnterするとそれが表示される。

　これは、ごく単純なサンプルで、実行するとテキストの入力待ち状態になるので、何か書いてEnterキーを押すとそれを繰り返し表示します。

　ここでは、require('readline')でモジュールを読み込んだ後、createInterfaceというものでインターフェイスを作成します。

```
const rl = readline.createInterface({
  input: process.stdin,
  output: process.stdout
});
```

これは何をしているのかというと、入力と出力に使うオブジェクトを指定しているのです。input: process.stdinで標準入力（ターミナルなどからの入力）、output: process.stdoutで標準出力（ターミナルなどへの出力）を指定して、ターミナルに入出力を行うインターフェイスを作成しています。

用意ができたら、「question」というメソッドでテキストを入力してもらいます。これは非同期なので、以下のような形で記述をします。

```
rl.question('入力: ', (text) => {
  ……入力後の処理……
});
```

入力した値を取り出したら、rl.close()を呼び出してquestionを閉じます。これで入力処理は完成です。ちょっと面倒ですが、これでターミナルなどからテキストを入力し利用することができます。

プロンプトを入力して実行する

では、readlineを利用して、プロンプトをユーザーが入力できるようにしましょう。app.jsを以下に書き換えてください。例によって、《APIキー》には各自のAPIキーを指定してください。

リスト5-5
```
const { GoogleGenerativeAI } = require("@google/generative-ai");
const readline = require('readline');

const rl = readline.createInterface({
  input: process.stdin,
  output: process.stdout
});

const API_KEY = "《APIキー》";
const genAI = new GoogleGenerativeAI(API_KEY);

async function run(prompt) {
  const model = genAI.getGenerativeModel({
```

```
    model: "gemini-pro"
  });
  const result = await model.generateContent(prompt);
  const response = result.response;
  const content = response.text();
  console.log("AI: ", content);
}

rl.question('prompt: ', (text) => {
  run(text);
  rl.close();
});
```

```
PowerShell                              ×  +  ∨        —  □  ×
PS C:\Users\tuyan\Desktop\nodejs-app> node app.js
prompt: あなたは誰ですか。
AI:  私は Gemini、Google によって開発された多言語モデルです。私
は、テキストの生成と翻訳、質問の回答、対話など、さまざまな自然言
語処理タスクを実行するようにトレーニングされています。
PS C:\Users\tuyan\Desktop\nodejs-app>
```

図 5-24　プロンプトを書いてEnterすると応答が表示される。

　node app.jsで実行したら、プロンプトの入力待ち状態になるので、何か書いてEnterして
ください。Gemini Proに送信し、しばらく待っていると応答が表示されます。
　ここでは、questionの引数に用意したアロー関数内からrun関数を呼び出しています。こ
れで、入力したテキストを使って簡単にモデルへの問い合わせが行えるようになります。

　GoogleGenerativeAIを利用したモデルの利用は、すでに前章でWebページから利用し
ました。これでNode.jsのプログラムからも同じように使えることがわかりました。
JavaScriptでモデルを利用する基本はこれでだいたい理解できたのではないでしょうか。

エンドポイントにアクセスするには？

　これで、SDKを利用したモデルアクセスはできるようになりましたが、前章のWebペー
ジでは、もう1つ別のやり方もしていましたね。そう、エンドポイントのURLにfetch関数
で直接アクセスする方法です。こうしたやり方はできないのでしょうか。
　もちろん、Node.jsでもHTTPアクセスでエンドポイントにアクセスすることは可能です。
JavaScriptのfetch関数はWebブラウザで動作するもので他の環境では使えないのですが、
現在のNode.jsにはローカル環境で動作するNode.js専用のfetch関数が組み込まれており、
同様のやり方で指定のURLにアクセスすることができます。

　すでにfetchでエンドポイントにアクセスする方法は説明済みですから、Node.jsから同様にアクセスするコードを考えてみましょう。

リスト5-6

```javascript
const readline = require('readline');

const rl = readline.createInterface({
  input: process.stdin,
  output: process.stdout
});

const API_KEY = "《APIキー》";

function run(prompt) {
  const base_url = 'https://generativelanguage.googleapis.com/v1beta/';
  const model_name = 'models/gemini-pro:generateContent';
  const url = base_url + model_name + '?key=' + API_KEY;

  const body = {
    "contents": [
      {
        "role":"user",
        "parts":[{"text": prompt}]
      }
    ]
  }

  const options = {
    method: 'POST',
    headers: {
      'Content-Type': 'application/json'
    },
    body: JSON.stringify(body)
  };

fetch(url, options)
  .then(res => res.json())
  .then(data => {
    const answer = data.candidates[0].content.parts[0].text;
    console.log('AI: ', answer);
  });
}

rl.question('prompt: ', (text) => {
```

```
    run(text);
    rl.close();
});
```

こうなりました。最初にエンドポイントのベースURLとモデル名、APIキーなどを使ってアクセスするURLを定数urlに用意しています。そしてヘッダー情報とボディコンテンツを用意したオプション情報のオブジェクトoptionsを用意し、urlとoptionsを引数に指定してfetch関数を実行します。

非同期関数なのでthenを使って事後処理を行い、さらにjsonメソッドで返されたJSONデータをJavaScriptのオブジェクトとして取り出します。後は、その中から応答のテキストを取り出して表示するだけです。

前章で説明したfetch関数の処理手順と今回のコードをよく見比べながら処理の流れを考えてみてください。WebページでもNode.jsでも、まったく同じようにfetchでエンドポイントにアクセスし応答を得られることがわかるでしょう。

httpsを使ったアクセス

Node.jsのfetch関数は、Webページのfetchとまったく同様に機能するもので大変便利です。ただし、これが用意されているのはNode.jsのver. 18からで、それ以前のものでは使うことができないので注意が必要です。

もう1つ、Node.jsには「http」「https」といったオブジェクトを利用してネットワークアクセスする方法も用意されています。これはfetch以前からあった機能で、ver. 18以前のものでも問題なく動作します。こちらもサンプルを掲載しておきましょう。

リスト5-7

```
const https = require('https');
const readline = require('readline');

const rl = readline.createInterface({
  input: process.stdin,
  output: process.stdout
});

const API_KEY = "《APIキー》";

function run(prompt) {
  const base_url = 'https://generativelanguage.googleapis.com/v1beta/';
  const model_name = 'models/gemini-pro:generateContent';
```

```javascript
  const url = base_url + model_name + '?key=' + API_KEY;

  // オプション情報の用意
  const options = {
    method: 'POST',
    headers: {
      'Content-Type': 'application/json'
    },
  };

  // ボディコンテンツの用意
  const body = {
    "contents": [
      {
        "role":"user",
        "parts":[{"text": prompt}]
      }
    ]
  }

  // アクセスの開始
  const req = https.request(url, options, (res) => {
    let content = "";

    // データ取得時の処理
    res.on('data', (chunk) => {
      content += chunk.toString();
    });

    // 完了時の処理
    res.on('end', () => {
      const result = JSON.parse(content);
      const answer = result.candidates[0].content.parts[0].text;
      console.log('AI: ', answer);
    });
  });

  // ボディコンテンツの送信
  req.write(JSON.stringify(body));
  // 送信の終了
  req.end();
}

rl.question('prompt: ', (text) => {
  run(text);
```

```
  rl.close();
});
```

http/httpsによるアクセスの手順

では、どのようにアクセスを行っているのか簡単に説明しましょう。Node.jsに用意しているインターネットアクセスのモジュールには「http」と「https」があります。いずれもHTTPおよびHTTPSアクセスのためのオブジェクトで、使い方は同じです。プロトコルによって2種類のものが用意されているのですね。今回はhttpsを使っていますが、使い方はhttpも同じです。

これらを利用するには、まずモジュールを定数に読み込みます。

```
const http = require('http');
const https = require('https');
```

このようにして、読み込んだhttpやhttpsを使って処理を行います。

特定のURLにアクセスしてデータを取得するには「request」というメソッドを使います。これは、以下のような形で記述します。

```
const req = https.request(url, options, アロー関数);
```

urlにはアクセスするエンドポイントのアドレスを指定しています。そしてoptionsには、アクセスに必要な情報をオブジェクトにまとめたものを用意します。どちらもfetchと同じように作成をしますが、1つ違うのは「optionsにボディコンテンツは含めない」という点です。ここにはヘッダー情報やHTTPメソッド（method: 'POST'など）を用意しておくものと考えておきましょう。

では、ボディコンテンツはどうやって送信するのでしょうか。それは、requestの後で行っています。requestsは、指定のURLへのリクエストを管理するオブジェクトを戻り値として返します。このリクエストの「write」メソッドを使ってボディコンテンツを書き出します。

```
req.write( ボディコンテンツ );
```

このwriteは何度も実行することができます。長いコンテンツなどは、必要に応じて繰り返しwriteしていけばいいでしょう。

すべてのボディコンテンツを送信し終えたら、リクエストを閉じて終了します。

```
req.end();
```

Chapter 1
Chapter 2
Chapter 3
Chapter 4
Chapter 5
Chapter 6
Chapter 7
Chapter 8

これですべての送信処理が完了します。

では、送信したリクエストに対するサーバーからの返信はどう処理するのでしょうか。これは、request メソッドの第3引数に用意したアロー関数に用意されます。この関数は、以下のような形になっています。

```
(res) => {
  res.on('data', (chunk) => {
    ……chunkを利用して処理……
  });

  res.on('end', () => {
      ……完了時の処理……
  });
}
```

アロー関数の引数には、サーバーからのレスポンスを管理するオブジェクトが渡されます。このオブジェクトには、レスポンスで発生するイベントの処理を設定する「on」というメソッドがあります。ここでは以下の2つのイベントの処理を設定しています。

data	サーバーからデータを受け取ったときのイベント。これは1度だけでなく、データ量が多ければ何回かに分けて送信される場合もある。送られたデータは第2引数のアロー関数で引数として渡される。
end	サーバーからのデータ受信が完了したときのイベント。完了後の処理は第2引数のアロー関数で処理する。

data イベントで、送られたデータを変数などに蓄積していき、end イベントでデータの処理を行う、というのが基本です。

今回のサンプルコードでは data で送られたデータを変数 content に蓄積していき、end で必要な値を取り出し表示しています。content には、サーバーから送られてきた JSON データが保管されています。これはただのテキストなので、JSON.parse(content) を使ってオブジェクトに変換し、そこから result.candidates[0].content.parts[0].text の値を取り出して応答を表示しています。

http/https を使ったやり方は、fetch などに比べるとやや複雑でわかりにくいかもしれません。最新の Node.js ならば fetch を利用してアクセスできるので、このやり方を使うことは兄でしょう。ただし、サーバーで使っている Node.js のバージョンによっては fetch が使えないこともあります。そのような場合のために、http/https の基本的な使い方ぐらいは覚えておくとよいでしょう。

GoogleGenerativeAIを使いこなす

Section
5-2

Chapter
1

Chapter
2

Chapter
3

Chapter
4

Chapter
5

Chapter
6

Chapter
7

Chapter
8

パラメータの設定について

　JavaScript から AIモデルを利用する基本がだいたいわかったところで、もう少しAIの利用について掘り下げていくことにしましょう。

　まずは、パラメータの設定からです。パラメータの設定は、GoogleGenerativeAI の getGenerativeModel でモデルを作成する際に指定できます。

```
変数 =《GoogleGenerativeAI》.getGenerativeModel({
    model: モデル名,
    generationConfig: 設定情報
});
```

　このように、generationConfig という引数にモデルへ設定する値などをまとめたオブジェクトを用意します。これは、パラメータなどの値をまとめたもので、このような形になります。

```
{
    candidateCount: 値,
    temperature: 値,
    maxOutputTokens: 値,
    stopSequences: 値,
    topK: 値,
    topP: 値
}
```

　すでにパラメータの値と働きなどは説明していますのでわかると思いますが、注意したいのは名前です。Python などでは「top_k」「top_p」だったものが、JavaScript では「topK」「topP」となっていますね。maxOutputTokens や stopSequences なども同じです。Python では、パラメータ名はスネーク記法でしたが、JavaScript の場合は curl などと同じキャメル記法で指定するようになっているのです。

パラメータを指定する

では、実際にパラメータを指定してアクセスを行ってみましょう。app.jsのコードを以下のように書き換えてみてください。なお、《APIキー》には各自のAPIキーを記述しましょう。

リスト5-8

```javascript
const { GoogleGenerativeAI } = require("@google/generative-ai");
const readline = require('readline');

const rl = readline.createInterface({
  input: process.stdin,
  output: process.stdout
});

const API_KEY = "《APIキー》";
const genAI = new GoogleGenerativeAI(API_KEY);

async function run(prompt) {
  const generationConfig = {
    temperature: 0.75,
    maxOutputTokens: 100,
  }

  const model = genAI.getGenerativeModel({
    model: "gemini-pro",
    generationConfig: generationConfig
  });

  const result = await model.generateContent(prompt);
  const response = result.response;
  const content = response.text();
  console.log("AI: ", content);
}

rl.question('prompt: ', (text) => {
  run(text);
  rl.close();
});
```

```
PS C:\Users\tuyan\Desktop\nodejs-app> node app.js
prompt: あなたは誰ですか。
AI:  私は Gemini、Google が開発した大規模言語モデルです。
PS C:\Users\tuyan\Desktop\nodejs-app>
```

図 5-25　maxOutputTokensを小さくして短い応答が返るようにする。

app.jsを実行してプロンプトを入力すると、短い応答が返ります。ここでは最大トークン数を100にして長い応答が生成されないようにしています。

ここでは、まずパラメータの情報をまとめたオブジェクトを以下のように用意しています。

```
const generationConfig = {
  temperature: 0.75,
  maxOutputTokens: 100,
}
```

パラメータはすべて用意する必要はありません。省略すればそれぞれのデフォルトの値が設定されます。ここでは温度と最大出力トークン数を指定しておきました。

これを使ってモデルを作成します。

```
const model = genAI.getGenerativeModel({
  model: "gemini-pro",
  generationConfig: generationConfig
});
```

これで、用意したパラメータを設定したモデルが用意できました。後は、generateContentでプロンプトを送れば、設定したパラメータを使って応答が生成されるようになります。

問い合わせ時にパラメータを指定する

このパラメータは、モデル作成時ではなく、問い合わせの際に指定することもできます。先ほどのサンプルで、getGenerativeModelの部分を以下のように修正してください。

リスト5-9

```
const model = genAI.getGenerativeModel({
  model: "gemini-pro",
});
```

そして、modelからgenerateContentを呼び出す部分を以下のように修正してみましょう。

リスト5-10

```
const result = await model.generateContent(
  prompt,
  generationConfig
);
```

こうすると、generateContentの実行時にパラメータが指定されます。これならプロンプトを送るとき、毎回パラメータを調整できますね。

両者を同時に利用することもできます。モデルにパラメータを設定すれば基本的にその設定で問い合わせを行います。そして調整が必要なときだけ、generateContentにパラメータを指定すればモデルに設定した値を変更して問い合わせできます。

構造化プロンプトを利用する

Google AI Studioでは、プレイグラウンドで構造化プロンプトやチャットなどが利用できましたね。これらの機能をJavaScriptで実装することから考えていきましょう。まずは、構造化プロンプトからです。

構造化プロンプトは、複数のプロンプトをまとめて送信することで、AIとのやり取りを擬似的に作り出す手法です。これは、generateContentで送信するプロンプトの値を、テキストから以下のようなオブジェクトに変更することで実現できます。

```
{
  contents: [ メッセージ ],
}
```

contentsには、メッセージの配列を用意します。このメッセージは、以下のような構造になっています。

```
{
  role: ロール,
  parts: [
    {text: プロンプト }
  ]
}
```

気がついた人もいるでしょうが、これはfetchやhttps.requestで送信したボディコンテンツと同じものです。このような形でプロンプトをメッセージにまとめて送ることで、より構造的にプロンプトを作成できるのです。

プロンプトを構造化する

では、構造化プロンプトはどのように作成するのでしょうか。それは、メッセージのpartsに、送信するメッセージを複数用意することで作成できます。メッセージは、だいたい以下のような形になるでしょう。

```
{
  role: "user",
  parts: [
    {text: "input:《ユーザーの入力》"},
    {text: "output:《AIの出力》"},
    ……中略……
    {text: "input:《送るプロンプト》"},
    {text: "output:"},
  ]
}
```

　ユーザーとAIのやり取りを、"input:○○"、"output:○○"というようにラベルをつけることで識別できるようにしています。この書き方は、先にPythonで構造化プロンプトを使ったときにもやりましたね。

　そして、最後のinput:に質問したいプロンプトを用意し、その後に"output:"とラベルだけをつけておきます。こうすることで、AIはこのoutput:の後のテキストを考えるようになります。

■ 構造化プロンプトを使ってみる

　では、実際にコードを作成しましょう。app.jsを開いて、以下のようにコードを書き換えてください。例によって《APIキー》は各自のAPIキーに書き換えてください。

リスト5-11

```javascript
const readline = require('readline');
const { GoogleGenerativeAI } = require("@google/generative-ai");

const rl = readline.createInterface({
  input: process.stdin,
  output: process.stdout
});

const API_KEY = "《APIキー》";
const MODEL_NAME = "gemini-pro";

const genAI = new GoogleGenerativeAI(API_KEY);

async function run(prompt) {
  const model = genAI.getGenerativeModel({ model: MODEL_NAME });

  const generationConfig = {
    temperature: 0.75,
```

Chapter 1
Chapter 2
Chapter 3
Chapter 4
Chapter 5
Chapter 6
Chapter 7
Chapter 8

```
      maxOutputTokens: 500,
  };

  const parts = [
    {text: "input: あなたは誰ですか？"},
    {text: "output: 私はサチコです。"},
    {text: "input: 仕事はなんですか。"},
    {text: "output: 小学校の先生をしています。"},
    {text: "input: " + prompt},
    {text: "output: "},
  ];

  const result = await model.generateContent({
    contents: [{ role: "user", parts: parts }],
    generationConfig,
  });

  const response = result.response;
  console.log("AI: " + response.text());
}

rl.question('prompt: ', (text) => {
  run(text);
  rl.close();
});
```

図 5-26 送信すると、小学校の先生サチコとして応答する。

　ここでは、AIが小学校の先生サチコであるようにプロンプトを作成しました。何か書いて送信すると、サチコとして応答が返ってきます。

　ここでは、定数partsに応答のデータを用意し、これをもとにgenerateContentでプロンプトを送信しています。partsの内容をいろいろと書き換えて動作を確かめてみましょう。

チャットで会話する

　では、一度きりの応答でなく、チャットを使って連続した会話を行えるようにするにはどうすればいいでしょうか。

　誰もが思い浮かべる方法は、「やり取りした会話の情報をまとめておいて、それをAIに送信する」というものでしょう。構造化プロンプトでは、contentsに用意するメッセージで、partsに複数のプロンプトをまとめていましたね。以下のような形です。

```
{
  contents:[{
    role: "user",
    parts: [
      {text: プロンプト},
      {text: プロンプト},
      ……略……
    ],
  }],
}
```

　チャットの場合、parts部分ではなく、contentsの配列に複数のメッセージを保管していきます。以下のような形ですね。

```
{
  contents:[
    {
      role: "user",
      parts: [{text: プロンプト}]
    },
    {
      role: "model",
      parts: [{text: プロンプト}]
    },
    ……略……
  ],
}
```

　contentsの中に、メッセージのオブジェクトを蓄積していきます。ユーザーのメッセージにはroleを "user" と指定し、AIからの応答には "model" と指定します。

　このようにしてお互いのやり取りを配列に追加していき、それをgenerateContentに渡して送信することで、それまでのやり取りを踏まえて応答が生成されるようになります。

Chapter
1

Chapter
2

Chapter
3

Chapter
4

Chapter
5

Chapter
6

Chapter
7

Chapter
8

チャットのサンプルを作る

　では、実際にサンプルを作成してみましょう。今回は、繰り返しを使って何度もメッセージを送受できるようなプログラムを作ってみます。app.jsのコードを以下のように書き換えてください。例によって《APIキー》には各自のAPIキーの値を指定します。

リスト5-12

```javascript
const readline = require('readline');
const { promisify } = require('util');
const { GoogleGenerativeAI } = require("@google/generative-ai");

const rl = readline.createInterface({
  input: process.stdin,
  output: process.stdout
});
// questionをPromise化する
const question = promisify(rl.question).bind(rl);

const API_KEY = "《APIキー》";
const MODEL_NAME = "gemini-pro";
const chat_data = []; //チャットの保管場所

const genAI = new GoogleGenerativeAI(API_KEY);

const generationConfig = {
  temperature: 0.75,
  maxOutputTokens: 500,
};

const model = genAI.getGenerativeModel({
  model: MODEL_NAME,
  generationConfig:generationConfig
});

async function run(prompt) {
  const msg = { role: "user", parts: [{text:prompt}] };
  chat_data.push(msg);
  const result = await model.generateContent({
    contents: chat_data,
  });

  const answer = result.response.text();
  const res = { role: "model", parts: [{text:answer}] };
  chat_data.push(res);
```

```javascript
    console.log("AI: " + answer);
}

async function main() {
  let flag = true;
  while(flag) {
    try {
      const text = await question('prompt: ');
      if (text) {
        await run(text);
      } else {
        flag = false;
      }
    } catch (err) {
      console.error('エラーが発生しました:', err);
    }
  }
  rl.close();
  console.log("*** finished. ***");
}

main();
```

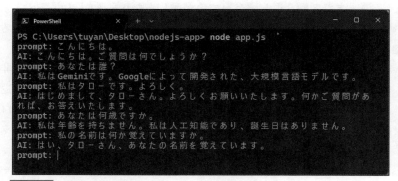

図 5-27　連続したやり取りができるようになった。

　実行すると、「prompt:」と表示がされ、入力待ちになります。プロンプトを書いて送信すると、AIから応答が返ってきて再び入力待ちとなります。交互に送受していき、終了するときは何も書かずにEnterすればそこで終わりになります。

　ここでは、main関数にwhileの繰り返しを用意し、その中でユーザーからの入力をしてもらってからrunを呼び出す、ということを繰り返しています。runの呼び出しは、await run(text);というようにawaitで関数の処理が完了するまで待って処理を行えます。

run関数では、引数に渡されたプロンプトをメッセージとしてまとめたものを用意し、それをchat_data配列に追加しています。

```
const msg = { role: "user", parts: [{text:prompt}] };
chat_data.push(msg);
```

そしてgenerateContentを実行して応答を受け取ったら、そのテキストを取り出し、chat_dataにメッセージとして追加しています。

```
const answer = result.response.text();
const res = { role: "model", parts: [{text:answer}] };
chat_data.push(res);
```

これで、ユーザーとAIのそれぞれのメッセージがchat_dataに蓄積されていきます。こうして蓄積したメッセージを送信することで、それまでのやり取りを踏まえた応答が得られるようになるのです。

readlineの入力をawaitする

ここでは、テキストの入力に関する処理も修正をしています。readlineのquestionは、非同期であるため、そのままだと繰り返し呼び出すのが難しくなります(入力し終えるまで処理を待たないため、高速で入力を繰り返してしまう)。繰り返し呼び出せるようにするためには、awaitで処理の完了を待ってから次に進むようにしておく必要があります。

これは、実はawait rl.questionというように記述してもできません。rl.questionの非同期は、コールバック関数を引数に持つような形になっています。戻り値にPromiseを返すようになっていないため、awaitでうまく処理を行えないのです。そもそもawaitは、Promiseが解決されるのを待つための演算子であるため、Promiseを返さずコールバック関数で処理を行う関数などでは使えないのです。

そこで、Node.jsには「promisify」という関数が用意されています。これはutilモジュールに用意されているもので、コールバック方式の非同期関数を、Promiseを返す方式に変換してくれます。

このpromisifyを使うために、冒頭に以下の文を用意しておきます。

```
const { promisify } = require('util');
```

そしてreadline.createInterfaceでインターフェイスを作成したら、このquestion関数をPromise方式に変換した関数を以下のように作成します。

```
const question = promisify(rl.question).bind(rl);
```

　promisifyは、引数にPromise化する関数やメソッドを指定します。今回はrlオブジェクトにあるquestionをPromise化するため、bindメソッドでrlオブジェクトをバインドします。これで、Promise化された関数が定数questionに代入されます。
　生成された関数は、以下のように利用しています。

```
const text = await question('prompt: ');
```

　awaitすると、入力したテキストが戻り値で得られるようになりました。これで繰り返しテキストの入力ができるようになります。

ChatSessionによるチャット

　チャットを利用するもう1つの方法は、「ChatSession」を利用することです。ChatSessionは、Pythonのパッケージにもありましたね。チャットを管理するオブジェクトで、チャットした履歴情報を保管し、連続した会話を行うための機能を提供します。
　このChatSessionは、モデルから以下のようにして作成します。

```
変数 =《GenerativeModel》.startChat( オプション );
```

　引数には、ChatSessionで利用する情報などをオブジェクトにまとめたものを用意します。これは以下のようになります。

```
{
  history: [ ……チャット履歴……],
  generationConfig: オプション
}
```

　historyには、チャットの履歴として使う配列のオブジェクトを指定します。これは、例えばそれまでの会話を履歴としてチャットに追加したいような場合に用います。またgenerationConfigは、パラメータなどのオプション情報をまとめたオブジェクトを指定します。
　これらは、いずれもオプションであり必須項目ではありません。従って、特に必要がなければ省略して構いません。

では、ChatSessionでメッセージのやり取りを行うにはどうするのでしょうか。これには「sendMessage」というメソッドを使います。

```
変数 =《ChatSession》.sendMessage( プロンプト );
```

引数には、送信するプロンプトを文字列で指定するだけです。これでプロンプトがチャットとしてAIに送られ、応答が返されます。戻り値は、generateContentの場合と同様にresponseからtextメソッドを呼び出すことで応答のテキストを取り出すことができます。

ChatSessionを使ってみる

では、実際にChatSessionを使ってみましょう。細かな修正があちこちにあるので全コードを掲載しておきます(ただしmainは修正なしなので省略)。また、《APIキー》には各自のAPIキーを指定してください。

リスト5-13

```javascript
const readline = require('readline');
const { promisify } = require('util');
const { GoogleGenerativeAI } = require("@google/generative-ai");

const rl = readline.createInterface({
  input: process.stdin,
  output: process.stdout
});
const question = promisify(rl.question).bind(rl);

const API_KEY = "《APIキー》";
const MODEL_NAME = "gemini-pro";

const genAI = new GoogleGenerativeAI(API_KEY);

const generationConfig = {
  temperature: 0.75,
  maxOutputTokens: 500,
};

const model = genAI.getGenerativeModel({
  model: MODEL_NAME,
  generationConfig:generationConfig
});

// ☆ChatSessionの作成
```

```
const chat = model.startChat();

// ChatSessionでチャットを行う
async function run(prompt) {
  const result = await chat.sendMessage(prompt);
  const answer = result.response.text();
  console.log("AI: " + answer);
}

async function main() {
  ……修正なしのため省略……
}

main();
```

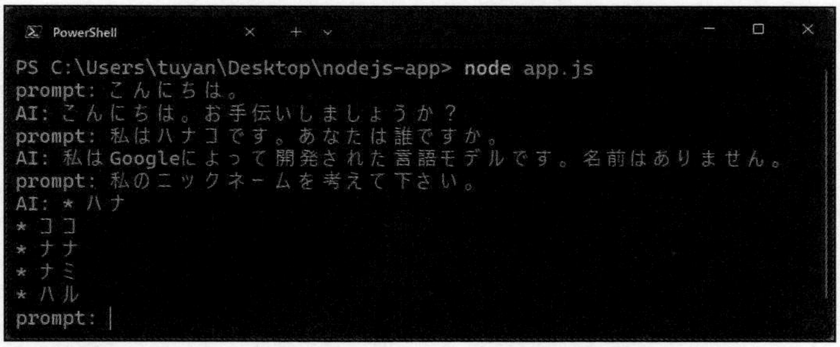

図 5-28 ChatSessionを使ってチャットを行う。

　実行すると、先ほどと同様にプロンプトを書いて送信すると応答が表示される、という
チャットが行えます。ここでは、モデル作成後、以下のようにChatSessionを用意していま
す。

```
const chat = model.startChat();
```

　後は、このchatを使ってメッセージの送受をするだけです。run関数を見ると、以下のよ
うに変わりました。

```
async function run(prompt) {
  const result = await chat.sendMessage(prompt);
  const answer = result.response.text();
  console.log("AI: " + answer);
}
```

　非常にシンプルになりましたね。sendMessageを呼び出し、その結果を表示しているだ
けです。メッセージのやり取りはChatSession自身が管理しているため、私たちはただメッ
セージを送って結果を受け取ることだけ考えればいいのです。

チャット履歴の利用

　チャットの機能を扱う場合、重要なのが「履歴」の管理です。ChatSessionでは、チャットの履歴はhistoryというプロパティにまとめられています。これは配列になっており、やり取りしたメッセージのオブジェクトが保管されています。

　これはstartChatで新しいChatSessionを作成する際に、それまでの履歴を渡して会話を開始することもできますし、会話の途中でhistoryの値を書き換えてそれまでの会話の記憶を変更するようなこともできます。チャットは、このhistoryによる履歴に基づいて会話を続けていくため、履歴の内容次第で会話をさまざまに誘導することができます。

　実際に試してみましょう。先ほどのリスト5-13で、「☆ChatSessionの作成」の文を以下のように書き換えてみてください。

リスト5-14

```javascript
// 以下の値を追加
const chat_data = [
  {role: "user", parts:[{text:"あなたは誰ですか。"}]},
  {role: "model", parts:[{text:"拙者、佐倉藩の武士、堀田某左衛門にて御座候。"}]},
  {role: "user", parts:[{text:"あなたの職業は何ですか。"}]},
  {role: "model", parts:[{text:"拙者、堀田家の馬廻組として仕えて御座候。"}]},
];

// 以下の文を書き換え
const chat = model.startChat({
  history:chat_data
});
```

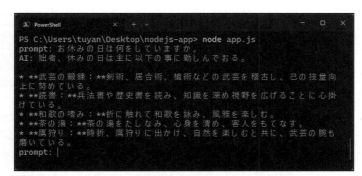

図 5-29 実行すると佐倉藩士堀田某左衛門として会話をする。

　実行して質問をしてみると、佐倉藩士の堀田某左衛門として答えてくれます。ここでは、あらかじめchat_dataに堀田某左衛門としての会話の例を用意しておき、これをhistoryに指定してstartChatをしています。こうすることで、このチャット履歴に基づいて以降の会

話を行うようになるため、AIは佐倉藩の武士として振る舞うようになります。

途中でchat.historyの値を書き換えると、それ以降、AIの振る舞いも変わります。チャットは履歴による記憶次第で人格がガラリと変わるのです。

ストリームの利用

応答の利用を考えるとき、「ストリーム」の使い方についても知っておく必要があります。ストリームというのは、データ元との接続を表すものです。ネットワーク経由でデータを受け取るとき、ストリームを使うことで大量のデータを少しずつ送信して処理していくことができます。

AIからの応答も、すべての応答が完成してから一括して送るよりも、少しずつ送信して表示していったほうが待ち時間も少なくすみます。多くのAIチャットがリアルタイムに結果を出力していくのは、すべて完成するまでじっと待っていると非常に待ち時間が長く感じるからでしょう。少しずつ応答を生成していき、できたところからその都度受け取って表示すれば、長い時間待つ必要もなくなります。

このようにストリームを使って応答を少しずつ受け取る方法もSDKにはちゃんと用意されています。GenerativeModelのgenerateContentと、ChatSessionのsendMessageについて、それぞれストリーム方式で結果を受け取るためのメソッドが以下のように用意されています。

```
《GenerativeModel》.generateContentStream( プロンプト );
《ChatSession》.sendMessageStream( プロンプト );
```

注意したいのは、これらのメソッドはいずれも非同期であるという点です。従って、これらの戻り値を確実に受け取って処理するには、awaitで結果を受け取りながら処理していく必要があります。

```
変数 = await《GenerativeModel》.generateContentStream( プロンプト );
変数 = await《《ChatSession》.sendMessageStream( プロンプト );
```

これらのメソッドで受け取れるのは、「GenerateContentRequest」というオブジェクトです。ここから、受け取ったチャンク(テキストの一部)の処理を繰り返しで行えます。

```
for await (変数 of《GenerateContentRequest》.stream) {
    ……変数の処理……
}
```

Chapter 1
Chapter 2
Chapter 3
Chapter 4
Chapter 5
Chapter 6
Chapter 7
Chapter 8

GenerateContentRequestの「stream」は、ストリームを示すプロパティで、ここにストリーム経由で送られてきたオブジェクトがまとめられています。ここからforで繰り返し値を取り出し処理していきます。

得られる値（チャンク）は、textメソッドで文字列の値を取り出せます。ただし、この値は、完全な応答とは限りません。応答の長さによっては、一部分が取り出せるだけですので、繰り返しチャンクを受取処理していく必要があるのです。

run関数をストリームで処理する

では、実際にストリームを使ってみましょう。先ほどリスト5-13で作成したコードを利用しましょう。このコードをapp.jsにコピー＆ペーストして使えるようにしておき、runとmain関数を以下のように書き換えます。

リスト5-15

```
async function run(prompt) {
  const result = await model.generateContentStream(prompt);
  for await (const chunk of result.stream) {
    console.log(chunk.text()," ");
  }
}

async function main() {
  try {
    const text = await question('prompt: ');
    await run(text);
  } catch (err) {
    console.error('エラーが発生しました:', err);
  }
  rl.close();
}
```

実行し、プロンプトを入力すると、応答が少しずつ出力されるようになります。「少しずつ」といっても、AIチャットのようにリアルタイムに出力されるわけではありません。ある程度まとまったテキストがパッ、パッと出力されていきます。

ここではgenerateContentStreamをawaitで指定して取り出し、これを使って繰り返し処理をしています。

```
for await (const chunk of result.stream)
```

これで、ストリーム経由でオブジェクトが得られるとその都度chunkにオブジェクトが取り出されるようになります。ここからtextメソッドでテキストを取り出し処理すればいいのですね。

なお、ここではconsole.log(chunk.text()," ");というようにlogの第2引数にスペースがつけられていますが、これはセパレータと呼ばれるもので、出力したテキストの後につける値を設定するものです。通常、console.logは出力するとその後で改行するので、連続したテキストとして出力するのは無理です。第2引数に" "と指定することで、改行せず半角スペースをつけて続けて出力されるようになります。

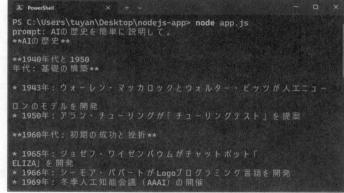

図 5-30　実行すると、少しずつ応答が出力されるようになった。

 安全性評価と設定

　最後に、コンテンツの安全性についても触れておきましょう。すでにPythonのところでも説明しましたが、GoogleGenerativeAIのAIモデルでは、入力されるプロンプトと生成されるコンテンツの内容について安全性の評価基準となるものが用意されており、それによって安全とはいえないコンテンツを排除するようになっています。

　この安全性評価は、JavaScriptからGenerativeModelを作成する際にも設定することができます。これは、以下のような形で用意されます。

```
{
  category:《HarmCategory》,
  threshold:《HarmBlockThreshold》,
},
```

　このように定義された安全性の設定オブジェクトを必要なだけ配列にまとめて用意しておきます。

　ここで使われているHarmCategoryとHarmBlockThresholdは、いずれも@google/generative-aiに含まれているオブジェクトで、利用の際は以下のようにオブジェクトを取り込んでおきます。

リスト5-16
```javascript
const { HarmBlockThreshold, HarmCategory } = require("@google/generative-ai");
```

　安全性のカテゴリは4種類あり、それぞれHarmCategory内に以下のような値として用意されています。

▼ カテゴリ

HARM_CATEGORY_SEXUALLY_EXPLICIT	露骨な性的表現
HARM_CATEGORY_HATE_SPEECH	ヘイトスピーチ
HARM_CATEGORY_HARASSMENT	各種のハラスメント
HARM_CATEGORY_DANGEROUS_CONTENT	危険なコンテンツ

　また、これらに設定する値はHarmBlockThreshold内に以下のような値として用意されています。

▼ 設定する値

HARM_BLOCK_THRESHOLD_UNSPECIFIED	しきい値を指定しない
BLOCK_LOW_AND_ABOVE	NEGLIGIBLEを許可
BLOCK_MEDIUM_AND_ABOVE	NEGLIGIBLE/LOWを許可
BLOCK_ONLY_HIGH	NEGLIGIBLE/LOW/MEDIUMを許可
BLOCK_NONE	すべてを許可

　いずれも、Pythonの安全性評価のところでほぼ同じ値が用意されていましたから、だいたいの使い方はわかるでしょう。これらの値を使って安全性の設定を値として用意し、これをgetGenerativeModelでモデルを作成する際に引数として渡すことで設定が行えます。

```
《GenerativeModel》.getGenerativeModel({
  model: モデル,
  generationConfig:設定,
  safetySettings: 安全性の設定
});
```

　このように、safetySettingsという引数に安全性評価の設定値を指定することで、評価の設定を変更することができます。

安全性評価を変更する

　では、安全性評価の設定例を挙げておきましょう。先ほどのリスト5-15からgetGenerativeModelの呼び出しとrun関数の部分を以下のように書き換えておきます。

リスト5-17
```
// 以下を冒頭に追記
const { HarmBlockThreshold, HarmCategory } = require("@google/generative-ai");

// 以下の安全性評価の値を追加
const safetySettings = [
  {
    category: HarmCategory.HARM_CATEGORY_HARASSMENT,
    threshold: HarmBlockThreshold.BLOCK_NONE,
  },
  {
    category: HarmCategory.HARM_CATEGORY_HATE_SPEECH,
    threshold: HarmBlockThreshold.BLOCK_ONLY_HIGH,
  },
  {
    category: HarmCategory.HARM_CATEGORY_SEXUALLY_EXPLICIT,
    threshold: HarmBlockThreshold.BLOCK_MEDIUM_AND_ABOVE,
  },
  {
    category: HarmCategory.HARM_CATEGORY_DANGEROUS_CONTENT,
    threshold: HarmBlockThreshold.BLOCK_LOW_AND_ABOVE,
  },
];

// 以下を書き換える
const model = genAI.getGenerativeModel({
  model: MODEL_NAME,
  generationConfig: generationConfig,
```

```
    safetySettings: safetySettings
});

async function run(prompt) {
  const result = await model.generateContent(prompt);
  const answer = result.response.text();
  console.log("AI: " + answer);
}
```

これで安全性評価の基準を変更してモデルが用意されます。ここではハラスメントとヘイトスピーチの基準を緩くし、性的表現と危険なコンテンツを厳しくしています。実際にいろいろとプロンプトを送って応答を調べてみましょう。

本格開発はサーバー開発から

以上、コマンドプログラムからAIを利用する方法を説明しました。これでコマンドプログラム、そして前章のWebページのプログラムと、2種類のJavaScriptプログラムからAIが使えるようになりました。

ただし、Webページからの利用は、そのまま使うべきではない、とすでに警告しておきましたね。Webページにコードを記述して利用すると、APIキーの流出の危険があります。WebでAIを利用したい場合、このような方法は推奨できません。

では、どうすればいいのか。それは「サーバープログラムを作成し、そこからAIを利用する」のです。Webページからサーバーにアクセスし、サーバーからAIにアクセスして結果をWebページに返す。こうすればWebでも安全にAIを利用することができます。

というわけで、次章はサーバープログラムを作成し、そこからAIを利用する方法について説明しましょう。

サーバープログラムで
AIを利用しよう

Web から AI を利用する場合、サーバーに AI 処理の機能を用
意し、Web ページからサーバーにアクセスして利用するのが
一般的です。ここでは Express というフレームワークを使い、
クライアント＆サーバー方式の Web アプリから AI を利用す
る方法を学びましょう。

Section 6-1 Expressで サーバー開発する

Node.jsによるサーバー開発

　WebでAIを利用するのであれば、サーバープログラムを作成し、そこからAIにアクセスするのが安全だ、と前章の終わりに説明しました。しかし、多くの人は「サーバープログラムの開発なんてとても無理」と感じたのではないでしょうか。

　サーバーのプログラムというのは、開発会社が業務で本格的に開発していくもの、というようにイメージしているかもしれません。それは間違いではありませんが、「個人では無理」というわけでもありません。

　サーバープログラムの開発も、基本的にはこれまで行ったプログラムの作成と変わりはありません。普通の「書いた処理をそのまま順番に実行して終わり」というプログラムとは仕組みや考え方が違うので戸惑うかもしれませんが、その仕組みをきちんと理解できれば誰でも作れるものなのです。

　前章で、Node.jsを使ってJavaScriptのプログラムを作成しました。このNode.jsというJavaScriptエンジンは、サーバープログラムの開発に最適なものなのです。Node.jsで開発されたサーバープログラムは、さまざまな分野で利用されています。ここでは、Node.jsでサーバープログラムを作成し、その中でAIを利用することを考えてみましょう。

Expressを利用しよう

　サーバープログラムは誰でも作れるものですが、しかしすべてを自分でプログラミングしようと思ったら、これはかなり大変です。開発にはNode.jsとネットワークに関する知識が必要となるでしょう。

　しかし、心配はいりません。そんな専門家でなくとも、誰でも比較的簡単にサーバーの開発が行えるようになるフレームワークが、Node.jsにはたくさんあります。こうしたものを利用すれば、誰でもサーバープログラムを作れます。

　ここでは、「Express」というフレームワークを利用します。これはNode.jsのWebアプリケーションフレームワークとしてもっとも広く利用されているものです。使い方も簡単で、誰でもすぐにWebアプリ開発が行えるようになります。

プロジェクトを作成しよう

　では、Expressを使ったWebアプリケーションのためのプロジェクトを作りましょう。ターミナルなどのコマンドを実行するアプリケーションを起動してください。そして、まずデスクトップに表示場所を移動します。

```
cd Desktop
```

　続いて、デスクトップに「express_app」というフォルダーを作成します。これが、プロジェクトのフォルダーになります。

```
mkdir express_app
```

```
PowerShell                              ×   +  ∨         —   □   ×
PowerShell 7.4.1
PS C:\Users\tuyan> cd Desktop
PS C:\Users\tuyan\Desktop> mkdir express_app

    Directory: C:\Users\tuyan\Desktop

Mode              LastWriteTime        Length Name
----              -------------        ------ ----
d----        2024/03/18    18:39              express_app

PS C:\Users\tuyan\Desktop> |
```

図 6-1 デスクトップに「express_app」フォルダーを作る。

フォルダーを初期化する

　フォルダーができたら、このフォルダーの中に表示場所を移動します。以下のコマンドを実行してください。

```
cd express_app
```

　これで「express_app」フォルダーの中に移動しました。では、フォルダーを初期化してプロジェクトとして使うための準備をしましょう。

```
npm init -y
```

Chapter 1
Chapter 2
Chapter 3
Chapter 4
Chapter 5
Chapter 6
Chapter 7
Chapter 8

図 6-2 express_app をプロジェクトとして初期化する。

これで、フォルダー内に「package.json」ファイルが作成され、プロジェクトとして扱えるようになりました。

VSCode でフォルダーを開く

では、作成したフォルダーを編集できるようにVSCodeで開きましょう。VSCodeのWebサイト（https://vscode.dev）にアクセスし、「フォルダーを開く」ボタンで「express_app」フォルダーを開いてください。

フォルダーの中身がエクスプローラーに表示されたら、「package.json」ファイルを開きましょう。ここにプロジェクトの内容が記述されています。

図 6-3 VSCodeで「express_app」フォルダーを開く。

必要なパッケージを準備する

では、このpackage.jsonに必要なパッケージの情報を追記しましょう。package.jsonの内容を以下に書き換えてください。

リスト6-1

```json
{
  "name": "express_app",
  "version": "1.0.0",
  "description": "",
  "main": "index.js",
  "scripts": {
    "test": "echo \"Error: no test specified\" && exit 1"
  },
  "keywords": [],
  "author": "",
  "license": "ISC",
  "dependencies": {
    "@google/generative-ai": "^0.3.0",
    "cookie-parser": "~1.4.4",
    "cors": "^2.8.5",
    "ejs": "^3.1.9",
    "express": "^4.18.3",
    "express-session": "^1.18.0",
    "request": "^2.88.2",
    "session-file-store": "^1.5.0"
  }
}
```

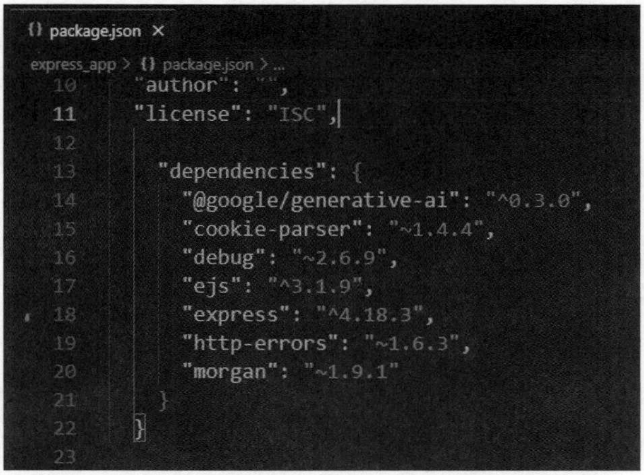

図6-4　package.jsonに"dependencies"を追記する。

前半の部分は同じです。修正したのは、"license": "ISC",という文の下にある"dependencies": {以降の部分です。この部分を新たに追加しています。

文法上のエラーがあると、その部分に赤い波線が表示されるのでわかります。もし波線が表示されていたら、その前後をよく確認しましょう。特に、{と}の位置と数が合っていないと文法エラーになるので十分注意してください。

文法エラーがないことを確認したら、ターミナルから以下のコマンドを実行します。

```
npm install
```

```
PS C:\Users\tuyan\Desktop\express_app> npm install

added 100 packages, and audited 101 packages in 7s

14 packages are looking for funding
  run `npm fund` for details

found 0 vulnerabilities
PS C:\Users\tuyan\Desktop\express_app>
```

図 6-5 npm installで、パッケージをすべてインストールする。

これを実行すると、package.jsonの内容をもとに必要なパッケージをすべてプロジェクトにインストールします。これで、プロジェクトのベースができました。後はファイルを作り、コードを書いていくだけです。

index.jsを作成する

では、ExpressでWebアプリを作っていきましょう。先ほど編集したpackage.jsonを開いて、以下の文を探してください。

```
"main": "index.js",
```

"main"という項目に"index.js"というファイル名を指定しておきました。これは、プロジェクトのメインプログラムがindex.jsであることを示します。まぁ、アプリとして実行するだけなら、これが実際に必要となるようなことはないのですが、この記述に合わせて「index.js」という名前でメインプログラムのファイルを用意しましょう。

図 6-6 mainにファイル名が指定されている。

では、プロジェクトにJavaScriptのファイルを作成します。VSCodeのエクスプローラーにある「新しいファイル」アイコンをクリックし、「index.js」という名前を記入してください。

図 6-7 フォルダー内に「index.js」という名前でファイルを作る。

サーバープログラムを記述する

作成したindex.jsを開き、ソースコードを記述しましょう。以下のリストをファイルに書いて保存してください。

リスト6-2

```javascript
const express = require('express');

const app = express();

app.get('/, (req, res) => {
  res.send('Hello World!');
});

app.listen(3000);
```

Chapter 1
Chapter 2
Chapter 3
Chapter 4
Chapter 5
Chapter 6
Chapter 7
Chapter 8

```
エクスプローラー              {} package.json    JS index.js  ×

∨ ワークスペース              express_app > JS index.js
 ∨ express_app                1  const express = require('express');
  > node_modules              2
  JS index.js                 3  const app = express();
  {} package-lock.json        4
  {} package.json             5  app.get('/', (req, res) => {
                              6    res.send('Hello World!')
                              7  });
                              8
                              9  app.listen(3000);
                             10
```

図 6-8　index.js ファイルにソースコードを記述する。

サーバーを起動する

　ソースコードが用意できたら、実際に動かしてみましょう。ターミナルから以下のコマンドを実行してください。

```
node index.js
```

　実行したら、Web ブラウザから http://localhost:3000/ にアクセスしてください。「Hello World!」というテキストが表示されます。これが、作成したサーバープログラムの働きです。

　http://localhost:3000/ というのは、今回のサーバープログラムが公開されているドメインです。そしてテキストが表示されたのは、このドメインのトップページにアクセスするとテキストが表示されるようにプログラムしていたからです。ごく単純なものですが、「サーバーを起動し、公開されたドメインにアクセスするとコンテンツを表示する」というもっとも基本的な機能はこれで実現できました。

　サーバープログラムは、実行するとずっと起動したままになります。終了するときは、Ctrl キー＋「C」キーを押して処理を中断してください。

```
✓   🌐 localhost:3000          ×   +           —    □    ×

←  →  C  ⌂   ①  localhost:3000        ☆   ◻   □   🌑   :

Hello World!
```

図 6-9　http://localhost:3000/ にアクセスすると「Hello World!」と表示される。

コードの働きを理解しよう

では、今回作成したプログラムがどういうものか説明しましょう。今回のコードは、Expressによるサーバープログラムのもっとも基本的な機能を使っています。これらがわかれば、サーバープログラムの基本は理解できます。

最初に、Expressのオブジェクトを用意します。

```
const express = require('express');
```

expressというモジュールから定数expressに読み込んでいます。このexpressは、関数です。この関数を使って、Expressアプリケーションのオブジェクトを作成します。

```
const app = express();
```

引数も何もありません。これで定数appにExpressクラスのインスタンスが用意されました。このオブジェクトにある機能を使ってアプリケーションの機能を実装します。

パスに処理を割り当てる

その後にあるのが、「トップページにアクセスしたらテキストを表示する」という処理を実装するものです。

```
app.get('/, (req, res) => {
  res.send('Hello World!');
});
```

これは、Expressオブジェクトの「get」というメソッドを呼び出すものです。ちょっとわかりにくいのですが、このメソッドは以下のような形をしています。

```
《Express》.get( パス, 関数 );
```

第1引数にパス(アクセスする場所)の文字列を指定し、第2引数には関数を用意します。これは、指定のパスに関数を割り当てるものです。これにより、指定したパスにアクセスすると第2引数の関数が実行されるようになります。

この関数は、以下のような形をしたアロー関数になっています。

```
(req, res)=> {
  ……実行する処理……
}
```

2つの引数がありますが、これらにはRequestとResponseというオブジェクトが用意されています。これはクライアント（Webブラウザ）から受け取るリクエストと、サーバーから送り返すレスポンスのためのオブジェクトです。クライアントとのやり取りに必要な機能が、この2つのオブジェクトにまとめられています。

ここでは、以下のような文が書かれていますね。

```
res.send('Hello World!')
```

これは、res（Responseオブジェクト）にある「send」というメソッドを呼び出すものです。このsendは、引数に指定した値をクライアントに送ります。ここでは、'Hello World!' というテキストをそのままクライアントに送っていたのですね。それがWebブラウザに表示されていたのです。

このgetのように、特定のパスに処理を割り当てることを「ルーティング」といいます。こうした処理は、一般に「ルート処理」と呼ばれます。

サーバーの待ち受け

これで、特定のパスにアクセスしたときの処理は用意できました。しかし、まだ完成ではありません。最後に重要な処理が残っています。それは「待ち受けの実行」です。

```
app.listen(3000);
```

この「listen」というメソッドは、実行したサーバープログラムを待ち受け状態にするものです。待ち受けとは、外部からのアクセスをひたすら待ち続けることです。待ち受けにすることで、外部からこのサーバーのドメインにアクセスがあると、すかさずサーバープログラムがそれを受け取り、アクセスされたパスの処理を実行してくれます。

このlistenの引数にある「3000」という値は、ポート番号です。先ほどWebブラウザからhttp://localhost:3000/というURLにアクセスしましたね。この3000がポート番号です。サーバープログラムは、「http://ドメイン:ポート番号/」という形で公開されます。Webのサーバー機能は、さまざまなところで使われています。このため、サーバープログラム同士をきちんと分けて管理できるようにポート番号が割り振られるのです。

Webページを作ろう

サーバープログラムの基本がわかったら、テキストだけでなく、ちゃんとしたWebページを表示できるようにしましょう。これには「テンプレートエンジン」というパッケージを使います。これはテンプレートのファイルをもとにWebページを生成するためのものです。

ここでは、「EJS」というテンプレートエンジンをプロジェクトに組み込んであります。これは、HTMLのコードにちょっとした記号で変数や式などを組み込めるようにするテンプレートエンジンです。とても理解しやすいものなので、ビギナーに向いたテンプレートエンジンといえるでしょう。

では、VSCodeのエクスプローラーから「新しいフォルダー」アイコンをクリックし、プロジェクトのフォルダー内に「views」という名前のフォルダーを作成しましょう。

図 6-10 プロジェクト内に「views」フォルダーを作成する。

そのままエクスプローラーから作成した「views」フォルダーを選択し、「新しいファイル」アイコンをクリックして「index.ejs」というファイルを作成します。これが、今回使うテンプレートファイルになります。EJSのテンプレートファイルは、このように「.ejs」という拡張子をつけたファイルとして作成します。

テンプレートファイルは、ここでは「views」フォルダーに配置します。

図 6-11 「views」フォルダー内に「index.ejs」というファイルを作成する。

index.ejsを編集する

では、作成したindex.ejsにテンプレートの内容を記述しましょう。ファイルを開き、以下のコードを記述してください。

リスト6-3
```
<!DOCTYPE html>
<html>
  <head>
    <title><%= title %></title>
  </head>
  <body>
    <h1><%= title %></h1>
    <p>Welcome to <%= title %></p>
  </body>
</html>
```

見ればわかるように、EJSのテンプレートは基本的にHTMLです。ただし、その中にちょっと特殊な記述が含まれています。わかりますか? そう、<%= title %>というものです。

これは、titleという値をこの部分に埋め込むためのもので、このように記述します。

```
<%= 値 %>
```

値の部分には、普通の値や変数、式、関数、メソッドなどを記述することができます。値として結果を取り出せるものならばどんなものでもここに用意することができます。

JavaScriptで作成したさまざまな値を<%= %>という特殊なタグでテンプレートに埋め込むことができるようになっているのです。これがEJSというテンプレートエンジンの重要な機能です。

index.jsを修正する

では、トップページにアクセスしたらindex.ejsを使ってページを表示するようにプログラムを修正しましょう。index.jsを開いて以下のように書き換えてください。

リスト6-4
```
const express = require('express');
const path = require('path');
```

```
const app = express();

// テンプレートエンジンの設定
app.set('views', path.join(__dirname, 'views'));
app.set('view engine', 'ejs');

// ルート設定
app.get('/', function(req, res, next) {
  res.render('index', { title: 'Express' });
});

app.listen(3000);
```

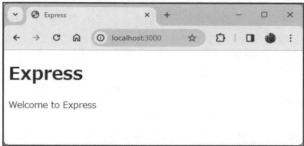

図6-12 http://localhost:3000/にアクセスするとindex.ejsのページが表示される。

　修正できたら、ターミナルで実行していたサーバープログラムをCtrlキー＋「C」キーで中断し、「node index.js」で再度実行しましょう。そしてhttp://localhost:3000/にアクセスしてください。index.ejsに用意したWebページが表示されるようになります。

テンプレートエンジンの設定

　では、コードを見てみましょう。ここでは、テンプレートエンジンのためのコードが追加されています。まず、テンプレートファイルの配置場所の設定を行います。

```
app.set('views', path.join(__dirname, 'views'));
```

　Expressオブジェクトの「set」は、Expressに用意されている各種の設定を変更するためのものです。これは第1引数に設定の項目名、第2引数に値を指定します。
　ここでは「views」という値を設定していますね。これはテンプレートファイルを配置する場所を指定するもので、path.join(__dirname, 'views')というのはアプリケーションのフォルダー内にある「views」というフォルダーのパスを作成するものです。これにより、テンプレートファイルは「views」フォルダーに配置されるようになります。

なお、ここで使っているpath.joinというのは、pathモジュールにある関数で、これを利用するために以下のようにpathを読み込んでいます。

```
const path = require('path');
```

このpathは、ファイルパスを扱うための機能を提供するモジュールです。path.joinで、それぞれのOSに適した形でパスの値を作成します。

もう1つのsetは、テンプレートエンジンを設定するものです。以下の文ですね。

```
app.set('view engine', 'ejs');
```

「view engine」というのが、テンプレートエンジンを示す値です。これを「ejs」に設定することで、ページをレンダリングする際にEJSテンプレートエンジンが使われるようになります。

テンプレートのレンダリング

<%= title %>が記述されていたところには、すべて「Express」というタイトルがはめ込まれ表示されているのがわかるでしょう。これはどうやっているのか、app.getのアロー関数に用意した処理を見てみましょう。

```
res.render('index', { title: 'Express' });
```

ここでは、Responseの「render」というメソッドを使っています。これは、テンプレートファイルをレンダリングし、Webページとして表示するもので、以下のように実行します。

```
《Response》.render( テンプレート名 , オブジェクト );
```

第1引数には、使用するテンプレート名を指定します。これにより、Expressは指定したテンプレートファイルの配置場所(ここでは「views」フォルダー)から指定した名前のファイルを探し、テンプレートとして利用します。ここでは'index'としていますね。これにより、「views」フォルダーにある「index.ejs」ファイルをテンプレートとして読み込みます。

第2引数には、{ title: 'Express' }というオブジェクトが用意されています。これにより、読み込んだテンプレートにtitleという名前で値が渡されます。この値が、<%= title %>で使われていたのです。

フォームで送信しよう

　Web ページでユーザーが何らかの情報を入力してさまざまな処理を行っていくには、いくつかの方法があります。誰もが思い浮かぶのは、フォームを利用したものでしょう。フォームに必要な情報を入力し送信するとサーバー側でその処理をする、というものですね。

　では、Express でのフォーム送信の処理の仕組みを理解しましょう。まず、簡単なフォームを用意してみます。「views」フォルダーのindex.ejsを開いて以下のように書き換えましょう。

リスト6-5

```html
<!DOCTYPE html>
<html>
<head>
  <title><%= title %></title>
  <link href="https://cdn.jsdelivr.net/npm/bootstrap/dist/css/bootstrap.min.css"
    rel="stylesheet" crossorigin="anonymous">
</head>
<body class="container">
  <header>
    <h1 class="display-6 my-4"><%= title %></h1>
  </header>
  <div role="main">
    <p><%= content %></p>
    <form method="post" action="/">
      <div class="row">
        <div class="col">
          <div class="input-group">
            <input type="text" class="form-control"
              id="message" name="message" />
          </div>
        </div>
        <div class="col-2">
          <div class="input-group-append">
            <input type="submit" class="btn btn-primary" value="click">
          </div>
        </div>
      </div>
        </form>
  </div>
</body>
</html>
```

今回はBootstrapを使ってフォームのスタイルを設定しました。ここでは、以下のような形でフォームを用意してあります。

```
<form method="post" action="/">
<input type="text" …… name="message" />
```

<form>ではトップページにPOST送信するように設定しています。そして<input>では "message" という名前でテキスト入力フィールドを用意しておきました。これを処理するコードをサーバー側に用意すればいいのですね。

ここでは、サーバーから渡されたメッセージを以下のように表示させています。

```
<p><%= content %></p>
```

これで、contentという値がここに表示されます。サーバー側で、このcontentに表示したいメッセージを用意すればいいわけですね。

フォームのサーバー側処理

では、サーバー側のプログラムを作成しましょう。index.jsを開き、以下のように内容を書き換えてください。

リスト6-6
```
const express = require('express');
const path = require('path');
const bodyParser = require('body-parser');

const app = express();

// テンプレートエンジンの設定
app.set('views', path.join(__dirname, 'views'));
app.set('view engine', 'ejs');

// ボディパーサー
app.use(bodyParser.urlencoded({extended: false}));

// トップページの処理
app.get('/', function(req, res, next) {
  res.render('index', {
    title: 'Express',
    content:'名前を入力:'
  });
```

```
});

// フォーム送信後の処理
app.post('/', (req, res, next) => {
  var msg = req.body['message'];
  var data = {
    title: 'Express',
    content: 'こんにちは、' + msg + 'さん！'
  };
  res.render('index', data);
});

app.listen(3000);
```

図 6-13　名前を書いて送信するとメッセージが表示される。

　http://localhost:3000/にアクセスすると、入力フィールドが1つあるだけのシンプルな
フォームが表示されます。ここに名前を書いて「Click」ボタンで送信すると、「こんにちは、
〇〇さん！」とメッセージが表示されます。

ボディパーサーの設定

　では、フォーム送信のための記述がどうなっているか見てみましょう。フォーム送信され
たデータを扱うには「ボディパーサー」という機能を用意します。これは、POST送信された
ボディコンテンツを利用するのに必要となります。

```
const bodyParser = require('body-parser');
```

これでbody-parserというモジュールがbodyParser定数に代入されます。この
bodyParserにある機能をExpressで使えるようにします。

```
app.use(bodyParser.urlencoded({extended: false}));
```

app.useというのは、ミドルウェアと呼ばれるアプリケーションに機能を付け足すプログ
ラムを組み込むためのものです。ここでbodyParserのurlencodedという機能を組み込み、
POST送信されたボディコンテンツをエンコードして使えるようにしています。

フォーム送信された値の扱い

では、POST送信された後の処理を見てみましょう。これは、以下のような形でルート設
定を用意しています。

```
app.post('/', (req, res, next) => {……
```

appの「post」というのが、POSTアクセスの処理を行うためのものです。引数はgetと同
様で、割り当てるパスと関数を指定します。
　この関数の中で、以下のように送信されたフォームの値を取り出しています。

```
var msg = req.body['message'];
```

req（Requestオブジェクト）にある「body」というプロパティに、ボディコンテンツのデー
タがまとめられています。フォーム送信した場合、このbodyの中に送信された各値が保管
されています。
　ここではbody['message']という値を取り出していますが、これにはname="message"の
フォーム項目の値が保管されています。フォームの値は、このように各要素のname属性を
使って管理されています。
　値が取り出せれば、後はそれを利用してメッセージを作り、renderでテンプレートに渡
すだけです。ここではtitleとcontentの値を持ったオブジェクトを用意しているのがわかり
ます。

フォームを使ってAIを利用する

フォーム送信の基本がわかったら、これを利用してAIにアクセスしてみましょう。まず、
GoogleGenerativeAIの準備をします。index.jsの冒頭に以下の文を追記してください。なお、
《APIキー》には各自のAPIキーを指定しておきましょう。

リスト6-7

```
const { GoogleGenerativeAI } = require("@google/generative-ai");

const API_KEY = "《APIキー》";
const genAI = new GoogleGenerativeAI(API_KEY);
```

　これでGoogleGenerativeAIオブジェクトがgenAIに用意できました。これを利用して
AIモデルにアクセスを行います。
　続いて、index.jsに記述したapp.getとapp.postの処理を修正し、新たにAIアクセスの
run関数を追記します。以下を参考に必要な修正を行ってください。

リスト6-8

```
app.get('/', function(req, res, next) {
  res.render('index', {
    title: 'Express',
    content:'プロンプトを入力:'
  });
});

app.post('/', async (req, res, next) => {
  var msg = req.body['message'];
  const result = await run(msg);
  var data = {
    title: 'Express',
    content: result
  };
  res.render('index', data);
});

app.listen(3000);

async function run(prompt) {
  const model = genAI.getGenerativeModel({
    model: "gemini-pro"
  });
  const result = await model.generateContent(prompt);
  const response = result.response;
  return response.text();
}
```

Chapter 1
Chapter 2
Chapter 3
Chapter 4
Chapter 5
Chapter 6
Chapter 7
Chapter 8

図 6-14 プロンプトを送信するとGemini Proから応答が返ってくる。

先ほどと同様に、フォームの入力フィールドにプロンプトを書いてボタンをクリックしてください。サーバーからGoogleのAIモデルにアクセスし、応答がメッセージとして表示されます。

ここでは、POST送信の処理をするapp.postの引数が少しだけ変わっています。

```
app.post('/', async (req, res, next) => {……
```

わかりますか？ 引数に用意しているアロー関数に「async」がついています。これで、非同期関数にしているのですね。なぜ非同期にしているのか。それは以下の処理のためです。

```
var msg = req.body['message'];
const result = await run(msg);
```

messageの値を取り出し、これを引数にしてrunを呼び出しています。そして、戻り値を受け取り、これをcontentとしてテンプレートに渡しています。

runは、前章で作成したものを少しだけ修正してあります（応答をreturnで返すようにしている）が、基本的な処理は変わりないのでやっていることはわかるでしょう。このrunでAIモデルから応答を受け取っているのですね。では、なぜrunをawaitで実行しないといけないのか。それは、「awaitしないと、そのまま処理が進み、runからの応答が返ってくる前にWebページが表示されてしまう」からです。

ルート処理は、最後に表示するページを作成しクライアントに送信して処理が終わります。その後に非同期で実行された処理が終わっても、もうその結果は利用できません。ですから、必ずawaitでAIからの応答が返ってくるのを待ってから、ページの表示を行う必要があるのです。

Section
6-2

RESTでAIにアクセスする

🔩 フォームからAPIへ

　フォームを利用して、AIを利用することはできました。しかし、フォーム送信を使った方法は、あまり便利とはいえません。

　AIへのアクセスには時間がかかります。フォームを送信後、AIにアクセスし、応答を受け取って結果を返送するまで、結構な時間がかかることもあります。それまでずっとフォームの結果を待ち続けなければいけませんし、その間、他の操作もできません。

　最近のWebでは、こうしたいろいろと問題のあるフォーム送信は使われなくなりつつあります。代わりに用いられるようになっているのが「Ajax」です。

　Ajax（Asynchronous JavaScript and XML、非同期JavaScriptとXML）は、JavaScriptの非同期通信機能を用いてXMLなどの定型フォーマットのデータを送受する技術ですね。といっても、最近はXMLはあまり使われなくなり、変わってJSONデータが主流となっています。

　非同期通信には、Chapter-4で利用したfetch関数を利用します。サーバーにJSONデータを返すルート処理を用意しておき、Webページからfetchを使ってそのパスにアクセスして結果を受け取るのです。

　このやり方だと、非同期で処理をするため、実行中も他の操作を停止することがありません。たとえ時間がかかっても、他に何か作業をしていれば、「気がついたら結果が表示されていた」ということになるのです。

RESTとAPI

　このように、特定のパスにアクセスすると必要なデータの表示や更新などを行えるようにするアーキテクチャを「REST」といいます。REST（Representational State Transfer、表現状態の転移）は、分散プログラムという考え方による技術の1つです。さまざまなプログラムが、決まった手続きに従ってお互いに通信して情報を交換したり更新したりする仕組みです。

Chapter 1
Chapter 2
Chapter 3
Chapter 4
Chapter 5
Chapter 6
Chapter 7
Chapter 8

例えば、Webベースでプロンプトを受け取るとAIにアクセスして応答を返すAPIを作成したとしましょう。Webページからそのパスにアクセスすることで、どのWebページからもAIの機能が使えるようになります。

この「RESTの考え方に基づいたAPIを設計し、WebページからAjaxでこれにアクセスしてAIを活用する」という方式について考えることにしましょう。

APIの作成

まずは、ExpressのWebアプリにAPIを実装することを考えないといけません。これは、どうやって作ればいいのでしょう。

実をいえば、普通のWebページとデータを配信するAPIは、どちらも作り方に違いはないのです。HTMLのコードを返せばWebページとなり、JSONデータを返せばAPIになる、それだけです。

注意したいのは、JSONデータの送信です。これは、ルート処理のアロー関数で以下のように行います。

```
《Response》.json( オブジェクト );
```

引数にオブジェクトを渡すと、そのオブジェクトをJSONフォーマットのテキストに変換し、コンテンツタイプ"application/json"としてクライアントに送信します。つまり、sendやrenderを使う代わりにjsonを使えば、それだけでAPIになってしまうのです。

APIを用意する

では、実際にAPIを作成し、利用してみましょう。ここでは、先ほどのapp.post('/' ～の処理をAPIとして書き換えることにします。app.post部分と、その後のrun関数を以下のように書き換えてください。

リスト6-9
```
app.post('/', async (req, res, next) => {
  var msg = req.body.message;
  const result = await run(msg);
  res.json(result);
});

async function run(prompt) {
  const model = genAI.getGenerativeModel({
    model: "gemini-pro"
```

```
  });
  const result = await model.generateContent(prompt);
  return result.response;
}
```

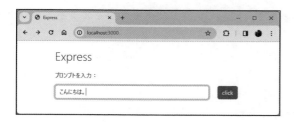

図 6-15　フォーム送信すると、Gemini Proにアクセスして応答を出力する。

　フォームにテキストを書いて送信してみてください。Gemini Proにアクセスし、その応答がJSONデータとして出力されます。

　ここでは、app.postからrunを呼び出したら、その戻り値を受け取ってJSONフォーマットにして出力させています。

```
const result = await run(msg);
res.json(result);
```

　これだけで、APIとして使えるようになるのですね。run関数では、generateContentから返されたレスポンスのオブジェクトをそのままreturnして返すようにしておきました。

APIにAjaxでアクセスする

　では、APIにAjaxを使ってアクセスしてみましょう。まず、サーバープログラム側に必要な修正を行っておきます。

　index.jsを開き、const app = express();の後に以下の文を追記します。

リスト6-10

```
app.use(bodyParser.json());
app.use(express.static(path.join(__dirname, 'public')));
```

　1行目で、JSONデータによるボディコンテンツを扱えるようになります。また2行目では「public」というフォルダーを公開フォルダーにしてスクリプトやスタイルシートのファイルを配置できるようにしました。

　続いて、先ほどのapp.post('/', 〜の文を以下のように修正してください。

リスト6-11

```
app.post('/api/ai', async (req, res, next) => {
  var msg = req.body.prompt;
  const result = await run(msg);
  res.json(result);
});
```

　これで、'/api/ai' というパスでAPIを公開するようになりました。APIは、通常のWebページと区別できるように /api/ というパスに用意することにします。

script.jsの作成

　では、Webページ側を作成しましょう。まずスクリプトを別ファイルに切り離すことにします。VSCodeのエクスプローラーでプロジェクトのフォルダーを選択し、「新しいフォルダー」アイコンをクリックしてフォルダーを作成してください。名前は「public」とします。

図6-16　「public」フォルダーを作成する。

　続けて「public」フォルダーを選択し、エクスプローラーの「新しいファイル」ボタンをクリックして「script.js」というファイルを作成しましょう。

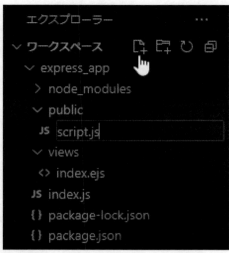

図 6-17　「script.js」ファイルを作成する。

　これでスクリプトファイルが用意できました。Express では、ドメイン内へのアクセスはすべて Express が管理していますので、スタイルシートやスクリプトファイルを適当な場所においてもアクセスすることはできません。こうしたファイルを利用できるようにするには、どこからでも自由にアクセスできる「公開フォルダー」を作成し、そこにファイルを配置する必要があります。

　今回は「public」フォルダーを公開フォルダーに設定しました。ここにおいたファイルは、そのままファイル名を指定して直接アクセスできるようになるため、スクリプトファイルやスタイルシートのファイルなどをここに置いておけば Web ページに組み込んで利用できるようになります。

　では、スクリプトを作成しましょう。script.js を開いて、以下のようにコードを記述してください。

リスト6-12

```
async function getAI(prompt) {
  const data = {
    prompt: prompt
  }
  const result = await fetch('/api/ai', {
    method: 'post',
    headers:{
```

Chapter 1
Chapter 2
Chapter 3
Chapter 4
Chapter 5
Chapter 6
Chapter 7
Chapter 8

```
      'Content-Type': 'application/json'
    },
    body: JSON.stringify(data)
  });
  return await result.json();
}
```

　今回は、getAIという関数を定義しました。ここでは、引数で渡されたプロンプトをボディ
コンテンツに指定して'/api/ai'にfetchしています。awaitで戻り値を受け取り、jsonでオ
ブジェクトに変換してからreturnしています。後は、受け取った側でオブジェクトを利用
して処理すればいいのですね。

Webページを修正する

　では、Webページを修正しましょう。「views」フォルダーのindex.ejsを開き、以下のよ
うにコードを修正してください。

リスト6-13

```
<!DOCTYPE html>
<html lang="ja">
<head>
  <title><%= title %></title>
  <link href="https://cdn.jsdelivr.net/npm/bootstrap/dist/css/bootstrap.min.css"
    rel="stylesheet" crossorigin="anonymous">
  <script src="script.js"></script>
</head>
<body class="container">
  <header>
    <h1 class="display-6 my-4"><%= title %></h1>
    <script>
    function doAction(){
      const message = document.querySelector('#message');
      const content = document.querySelector('#content');
      getAI(message.value).then(result=>{
        content.innerHTML =
            result.candidates[0].content.parts[0].text;
      });
    }
    </script>
  </header>
  <div role="main">
    <p id="content"><%= content %></p>
```

Chapter 1
Chapter 2
Chapter 3
Chapter 4
Chapter 5
Chapter 6
Chapter 7
Chapter 8

```
        <div class="row">
          <div class="col">
            <div class="input-group">
              <input type="text" class="form-control"
                id="message" name="message" />
            </div>
          </div>
          <div class="col-2">
            <div class="input-group-append">
              <button class="btn btn-primary"
                onclick="doAction();">Click</button>
            </div>
          </div>
        </div>
      </div>
</body>
</html>
```

図 6-18　プロンプトを書いてボタンクリックすると応答が表示される。

　見た目はまったく変わっていませんが、動作はこれまでとは少し違います。プロンプトを
書いてボタンをクリックすると、非同期通信でAPIにプロンプトを送り、生成されたAIの
応答を受け取って表示します。

　ここでは、先ほど作成したスクリプトファイルを以下のように読み込んでいます。

```
<script src="script.js"></script>
```

　これで、script.jsに記述したgetAI関数が使えるようになりました。この関数は、ボタン
クリックで実行されるdoAction内で以下のように呼び出されています。

```
getAI(message.value).then(result=>{
  content.innerHTML =
    result.candidates[0].content.parts[0].text;
});
```

今回は、非同期の利点を活かす意味で敢えてawaitを使わず、thenでコールバック処理を行うようにしてあります。これで、ボタンクリックをしたらもうWebページは操作できるようになります。AIの応答が表示されるまで時間がかかっても待つ必要はありません。

CORSによるアクセス制限

これで完成はしましたが、実はこの状態で実際にWebアプリを公開するのはちょっと問題があります。APIのパスが流出してしまうとそれが広まり、「このAPIを使えばタダでGoogleGenerativeAIにアクセスできるぞ！」とアクセスが殺到する可能性があります。外部からのアクセスをシャットアウトする仕組みを考えないといけません。

これは「CORS」(Cross-Origin Resource Sharing、オリジン間リソース共有)というものを利用するのがよいでしょう。CORSは、オリジンの異なるリソースのリクエストを管理するための仕組みです。「オリジン」というのは、ドメインやプロトコル、ポート番号など、そのリソースのある場所を示す値です。

あるリソースに、ドメインやプロトコル、ポート番号などが異なるところからリクエストがあると、WebサーバーはCORSの仕組みに基づいて、アクセスを許可するかどうかを決定します。要するに、CORSの仕組みを使うことで、リソースがあるWebサーバー外からのアクセスを制御できるようになるのです。

cors モジュールの利用

Expressでは、CORSを管理する「cors」というパッケージが用意されています。これは、すでにプロジェクトに組み込み済みになっています。

このcorsは、以下のようにしてモジュールのオブジェクトを読み込んで使います。

```
const cors = require('cors');
```

corsは、ミドルウェアです。Expressに組み込まれ、アクセスの際にCORSの機能を使ってリソースへの管理を制御するようになります。このcorsミドルウェアは以下のようにして追加します。

```
app.use(cors({ origin: ドメイン }));
```

あるいは、自身のオリジンからのみアクセスを許可するような場合は以下のように記述することもできます。

```
app.use(cors({ origin: true }));
```

これにより、同一オリジン(ドメイン、プロトコル、ポート番号が完全に一致する)のアクセスのみが許可され、それ以外のものは拒否されるようになります。外部から /api/ai に POST アクセスがあっても、それらは拒否され、勝手に AI が使われないようになります。

では、index.js にコードを追記し、CORS の設定を追加しましょう。Express オブジェクトを作成している文(const app = express();)の後に以下のコードを追記してください。

リスト6-14

```
const cors = require('cors');
app.use(cors({origin: true}));
```

これで外部からのアクセスができなくなります。これで完全というわけではありませんが、少なくとも勝手に API が使われることはなくなるでしょう。

セッション情報を管理する

Web サーバーとしてプログラムを作成するということは、自分だけでなく、多くの人が利用するようになるということです。こうしたとき、考えなければならないのが「各ユーザーの管理」です。

Web では、同時に複数のユーザーがアクセスするため、個々のユーザーを識別するための仕組みを考えないといけません。このような用途のために用意されているのが「セッション」という機能です。

セッションは、クライアントとサーバーの連続した接続を保つための仕組みです。セッションにより、ユーザーごとの情報を管理できるようになります。

Express のセッション機能は、「express-session」というパッケージとして用意されています。これはプロジェクトにはすでに組み込み済みです。

■ セッションの利用

では、このセッションはどのようにして利用するのか、コードを追記しながら説明しましょう。まず、express-session のモジュールを読み込みます。index.js の冒頭に以下の文を追加してください。

リスト6-15

```
const session = require('express-session');
```

Chapter 1
Chapter 2
Chapter 3
Chapter 4
Chapter 5
Chapter 6
Chapter 7
Chapter 8

これで、定数 session にオブジェクトが用意されました。この express-session モジュールは、ミドルウェアとして Express に組み込んで使います。Express オブジェクトを作成しているところ(const app = express();)の後に以下の文を追記してください。

リスト6-16

```
app.use(session({
  secret: '《シークレットキー》',
  resave: false,
  saveUninitialized: true,
}));
```

session の引数にある secret は、秘密のキーとなる値を指定します。これは、どんなものでも構いません。自分で適当にテキストを記述してください。

残る resave と saveUninitialized はセッションの働きに関する設定です。resave はセッションが変更されていない場合も強制的に値を保存するかどうかを指定します。また saveUninitialized はセッションが作成されたらデータが格納されていなくともすぐに保存するかどうかを指定します。

セッションの機能は非常に単純です。セッションは、一言でいえば「値を保管するもの」です。express-session のセッションは、Request オブジェクトに「session」という値として用意されます。この中に値を保管します。例えば、このような形です。

```
《Request》.session.hoge = 値;
```

これで、セッションに hoge という値が保管されます。後は、いつでも session.hoge から値を取り出し利用できるようになります。

重要なのは、「セッションの値は、クライアントごとに割り当てられる」という点です。つまり、保管された値は自分専用のものなのです。他の人間がアクセスして session.hoge の値を取り出そうとしても、これは得られません。それぞれのクライアントごとに必要な情報を保管できる、それがセッションの役割なのです。

例えば、ネットショップなどではユーザーがカートに入れた商品情報をセッションに保管したりします。会員制サイトではログイン情報をセッションに保管したりするでしょう。AIの利用ならば、例えば利用履歴や利用時間などをセッションで管理できますね。

最後に実行したプロンプトを記憶する

　では、簡単なセッションの利用例として、「最後に実行したプロンプトをセッションに記憶しておく」というものを考えてみましょう。すでにindex.jsには、express-sessionを読み込んでミドルウェアとして組み込む処理が追加されていますね(リスト6-15, 16)。では、トップページと/api/aiの処理を修正して、プロンプトをセッションに保管するようにしましょう。app.get('/', 〜の処理と、app.post('/api/ai', 〜の処理を以下のように書き換えてください。

リスト6-17

```javascript
app.get('/', function(req, res, next) {
  req.session.prompt = (req.session.prompt || "");
  res.render('index', {
    title: 'Express',
    prompt: req.session.prompt,
    content:'プロンプトを入力:'
  });
});

app.post('/api/ai', async (req, res) => {
  var prompt = req.body.prompt;
  req.session.prompt = prompt;
  const result = await run(prompt);
  res.json(result);
});
```

　続いて、「views」フォルダーのindex.ejsのコードを修正します。<input type="text">のタグを以下のように修正してください。

リスト6-18

```html
<input type="text" class="form-control"
    id="message" name="message" value="<%=prompt %>"/>
```

　これで、promptの値がフィールドにデフォルトで設定されるようになりました。
　サーバーをリスタートして動作を確認しましょう。トップページにアクセスし、プロンプトを書いて送信すると応答が表示されます。
　表示を確認したら、再度トップページにアクセスし直してみてください。すると、フィールドに送信したプロンプトが自動的に設定されます。これは別のサイトに移動してから再びトップページに戻っても、ちゃんと表示されます。また別のPCやブラウザなどからアクセ

Chapter
1

Chapter
2

Chapter
3

Chapter
4

Chapter
5

Chapter
6

Chapter
7

Chapter
8

スると、表示はされません。アクセスに使ったブラウザでのみ値が表示されることがわかります。

図 6-19 図 6-19　トップページにアクセスすると、最後に実行したプロンプトがフィールドに表示される。

セッションの利用をチェックする

　では、どのようにセッションが使われているか見てみましょう。まず、POSTアクセスの処理を行っているapp.postのアロー関数からです。ここでは、取り出したプロンプトを以下のようにしてセッションに保管しています。

```
var prompt = req.body.prompt;
req.session.prompt = prompt;
```

　req.session.promptに値を代入することで、セッションにpromptという値が追加されました。この値は、トップページの処理を行うapp.getのアロー関数で使われています。

```
req.session.prompt = (req.session.prompt || "");
```

　req.session.promptがあればその値を、なければ空の文字列をreq.session.promptに代入しています。アクセスした際にreq.session.promptが初期化されるようにしているのですね。そして、res.renderでレンダリングされる際にセッションの値が渡されています。

```
res.render('index', {
  title: 'Express',
  prompt: req.session.prompt,
  content:'プロンプトを入力:'
});
```

　これで、promptという値としてreq.session.promptの値がテンプレートに渡されます。テンプレート側では、この値を<input>のvalueに設定して表示していたのですね。
　実際に何度かプロンプトを送信してトップページに戻ってみると、最後に送ったプロンプトが記憶されていることが確認できるでしょう。

セッションの永続化

　このセッションは、実際に試してみるとわかりますが、サーバーを終了すると消えてしまいます。ずっと保存し続けているわけではないのです。

　セッションの値を常に保持し続けるには、セッション情報をファイルに保存するなどしておく必要があるでしょう。これも、実はそのためのパッケージが提供されています。「session-file-store」というパッケージで、これもプロジェクトにはすでに組み込まれています。

　では、session-file-store を使えるようにしましょう。index.js を開き、express-session を読み込んでいるコード（リスト 6-15）の後に以下の文を追記してください。

リスト6-19

```
const FileStore = require('session-file-store')(session);
```

　これで、FileStore という定数に session-file-store のオブジェクトが読み込まれます。これは、セッションの設定を行う際に使います。リスト 6-16 で記述した express-session のミドルウェアの設定コードを以下のように修正してください。

リスト6-20

```
app.use(session({
  secret: 'your-secret-key',
  resave: false,
  saveUninitialized: true,
  cookie: {
    maxAge: 6000000
  },
  store: new FileStore(),  //☆
}));
```

　修正したのは、☆の行です。これを追記することで、セッションの保存先を FileStore に設定します。後は FileStore によって自動的にファイルに保存されるようになります。

　また、その手前には cookie という値を用意しておきました。これは、セッションの管理に使われるクッキーの設定です。ここでは maxAge: 6000000 として、クッキーが100分間保持されるようにしてあります（6000000 は、6000000 ミリ秒＝6000秒）。つまり100分の間、セッションは維持されるわけです。

　セッションの利用は、これまでとまったく同じように行えます。私たちがファイルへのアクセスなどの処理を行う必要はまったくありません。すべて FileStore のミドルウェアが自動的に処理してくれます。

保存されたセッションファイル

　サーバーをリスタートして実際にプロンプトを送信して動作を確認してください。そしてサーバーを終了し、再度実行してまたアクセスをしてみましょう。ちゃんと最後に保存したプロンプトがフィールドに表示されます。サーバーを終了した後もセッションの値がずっと保持されているのがわかります。

　FileStoreは、セッション情報をファイルに保存して管理します。エクスプローラーでプロジェクトを確認すると、「sessions」というフォルダーが新たに作成されているのに気づくでしょう。この中に、ランダムな文字列の名前のファイルが作成されているはずです。

図 6-20　「sessions」フォルダーにセッションのファイルが保管されている。

　これが、セッション情報を保存したファイルです。これはクライアントごとにファイルが作成され、セッション情報が記録されます。これを開いてみると、以下のようなJSONデータが記述されているのがわかるでしょう（見やすいように適時改行してあります）。

リスト6-21

```
{
  "cookie":{
    "originalMaxAge":6000000,
    "expires":"《日時》",
    "httpOnly":true,
    "path":"/"
  },
  "prompt":"《プロンプト》",
  "__lastAccess":タイムスタンプ
}
```

　"cookie"というところには、セッションの識別に利用するクッキー情報がまとめられています。その後に、プロンプトを保管した"prompt"があり、さらに最後のアクセス時刻を示す"__lastAccess"という値が用意されています。ここでは"prompt"に値を保管しているだけですが、同じようにさまざまな値をセッションに保管でき、それらもこのようにJSONデータとしてファイルに保存されるのです。

　ここではセッションのクッキーが100分間保持されるようにしているため、最後にアクセ

スしてから100分が経過するとセッションは切れ、ファイルも自動的に消去されます。リスト6-20で設定したmaxAgeの値をもっと大きくすれば、セッションの維持時間はさらに長くなります。ただし、あまり長期間セッションが維持されるようにするのはセキュリティの面であまりおすすめできません。必要にして十分な長さ維持することを考えてください。

プロンプトの履歴を管理する

　セッションの利用例として、実行したプロンプトの履歴を管理する機能を作成してみましょう。考え方としては、セッションに配列の値を保管しておき、プロンプトを実行するごとにその値を配列に追加していくのです。これで、実行したプロンプトの履歴を保管できるようになります。

　では、やってみましょう。index.jsを開き、トップページとAPIのルート処理(app.get('/', 〜の部分とapp.post('/api/ai', 〜の部分)を以下のように書き換えてください。

リスト6-22

```
app.get('/', function(req, res, next) {
  req.session.prompt = (req.session.prompt || "");
  req.session.history = (req.session.history || []);
  res.render('index', {
    title: 'Express',
    prompt: req.session.prompt,
    history: req.session.history,
    content:'プロンプトを入力:'
  });
});

app.post('/api/ai', async (req, res) => {
  var prompt = req.body.prompt;
  req.session.prompt = prompt;
  const result = await run(prompt);
  req.session.history.unshift(prompt);
  res.json(result);
});
```

　ここでは、トップページにアクセスした際、以下のようにしてセッションに履歴の値を用意しています。

```
req.session.history = (req.session.history || []);
```

これで、req.session.historyに空の配列か、あるいはreq.session.history自身が代入されます。この値を、res.renderする際にhistory: req.session.history,というようにしてテンプレートに渡しています。

APIのルート処理では、runの実行後に以下のようにして実行したプロンプトを履歴に追加しています。

```
req.session.history.unshift(prompt);
```

unshiftは、配列の冒頭に値を追加するメソッドです。これで、session.historyの冒頭にプロンプトが追加されました。これを実行していくことで、session.historyには最近実行したものから順にプロンプトが保管されていきます。

履歴を表示する

では、履歴を表示する処理をテンプレートに追加しましょう。「views」フォルダーのindex.ejsを開き、適当なところ(</body>の手前など)に以下のコードを追加してください。

リスト6-23

```
<hr/>
<h2 class="h4 my-4">history</h2>
<ul class="list-group">
<% for(const item of history) { %>
  <li class="list-group-item"><%=item %></li>
<% } %>
</ul>
```

図 6-21 トップページにアクセスすると履歴が表示される。

保存したらサーバーをリスタートし、動作を確認しましょう。トップページにアクセスすると、「history」という表示の下に実行したプロンプトがリスト表示されます。

ここでは、以下のようにして履歴をリストとして表示しています。

```
<% for(const item of history) { %>
  <li class="list-group-item"><%=item %></li>
<% } %>
```

EJS には、<% %> というタグも用意されています。これは、その間に記述した JavaScript のコードを実行するものです。この部分は、つまりこういうことを行っていたのです。

```
for(const item of history) {
  《「<li class="list-group-item"><%=item %></li>」というタグを出力》
}
```

history から順に値を item に取り出し、その値を使って <li> を出力しています。EJS では、このようにして配列などの値を一覧表示することができます。

API での処理はコマンドプログラムと同じ

というわけで、API に fetch でアクセスして AI を利用する Web アプリの基本が完成しました。それほど複雑ではありませんが、サーバー&クライアント方式で AI を利用する際の基本的な構造はわかったのではないでしょうか。

API で AI を利用する処理を見て気がついたでしょうが、これは前章で作成したコマンドプログラムの処理とほぼ同じです。AI へのアクセス方法さえわかっていれば、コマンドプログラムでもサーバープログラムでも処理の仕方は同じなのです。

JavaScript の場合、「Web ページでの利用方法」「それ以外の利用方法」の 2 つがわかっていれば、どのような環境でも利用することができるようになります。今回のサンプルにいろいろと手を加えて、AI を利用したプログラムの基本をしっかり使えるようになりましょう。

Chapter 1
Chapter 2
Chapter 3
Chapter 4
Chapter 5
Chapter 6
Chapter 7
Chapter 8

高度なモデルの活用

ここでは Gemini Pro に用意されている2つの機能、「マルチモーダル」と「関数呼び出し」について説明しましょう。いずれも比較的新しい機能であり、Gemini Pro を使う上でこれから重要となるものです。

Chapter
1

Chapter
2

Chapter
3

Chapter
4

Chapter
5

Chapter
6

Chapter
7

Chapter
8

Section 7-1 Gemini Pro Vision によるマルチモーダル

Gemini Pro Vision とマルチモーダル

　ここまで利用してきたモデルは、「Gemini Pro」というものです。これはGoogleが開発する最新のLLM（大規模言語モデル）です。LLMというのは、基本的に「プロンプトとなるテキストをもとに応答のテキストを生成する」というものです。現在、さまざまなLLMが登場していますが、それらの働きは基本的に同じです。

　ただし、AIの世界ではこうした「テキストを扱うもの」とは別に、イメージを扱うものも出てきました。イメージを分析したり、プロンプトからイメージを生成したり、といったものですね。また、膨大なコンテンツを処理するのに、テキストファイルやPDFなどのファイルを分析し処理するモデルというのも作られています。

　こうしたさまざまな種類のコンテンツは、データの形式なども異なるため、同一のデータとして扱うことができませんでした。しかし、種類の異なるコンテンツを最初から学習させていけば、さまざまな形式のデータを同じように扱えるLLMが作れるのではないか？

　こうした考え方のもとに作成されているのが「マルチモーダル」と呼ばれるモデルです。マルチモーダルとは、複数のモダリティ（入出力のデータ形式のこと）に対応し、それらを組み合わせたコンテンツを扱えるように訓練されたモデルのことを示します。Googleが開発するGeminiは、実は最初からマルチモーダルであることを考えてテキストだけでなくイメージや動画などのコンテンツも使って訓練がされている、いわば「ネイティブなマルチモーダルモデル」なのです。

Gemini Pro Vision について

　では、ここまで使ってきたGemini Proでそのままイメージなどを使った問い合わせができるのか？ これは、YESでもありNOでもあります。

　Gemini Proは、リリースされた当初(ver. 1.0)、テキストを扱うGemini Proと、イメージも扱えるGemini Pro Visionに分かれていました。このため、Gemini Proではイメージを扱うことはできず、Gemini Pro Visionを利用する必要がありました。

しかし、Gemini Pro 1.5よりこれらは1つに統合され、Gemini Proでイメージも扱えるようになりました。ただし！2024年3月の時点では、Google AI StudioでGemini Pro 1.5を使うことは可能になっていますが、APIで利用できるモデルにはまだ追加されていません。いずれ追加されるはずですが、本書執筆時点では未対応です。

このため、本書ではGemini Pro 1.5ではなく、Gemini Pro Vision（ver. 1.0）をベースに説明を行います。今後、1.5が対応したなら、モデル名に1.5の名前を指定することで利用可能となるはずです。

PythonでGemini Pro Visionを利用する

では、PythonでGemini Pro Visionを利用する準備を整えましょう。先にChapter-3でPythonのコードを作成したColabのノートブックを開いてください。おそらく、以前のランタイムは消えてしまって新たに接続しなければいけないでしょうから、google-generativeaiパッケージのインストールやgoogle.generativeaiの準備などを再度行う必要があります。以下のリスト7-1、7-2を実行して準備を終えてください。

リスト7-1

```
!pip install -q -U google-generativeai
```

図7-1 !pip installでパッケージをインストールし直しておく。

リスト7-2

```
import google.generativeai as genai
from google.colab import userdata

GOOGLE_API_KEY=userdata.get('GOOGLE_API_KEY')
genai.configure(api_key=GOOGLE_API_KEY)
```

続いて、GenerativeModelを作成します。ここでは「gemini-pro-vision」というモデルを指定してオブジェクトを作成します。

リスト7-3

```
from google.generativeai import GenerativeModel
```

```
model = GenerativeModel('gemini-pro-vision')
model
```

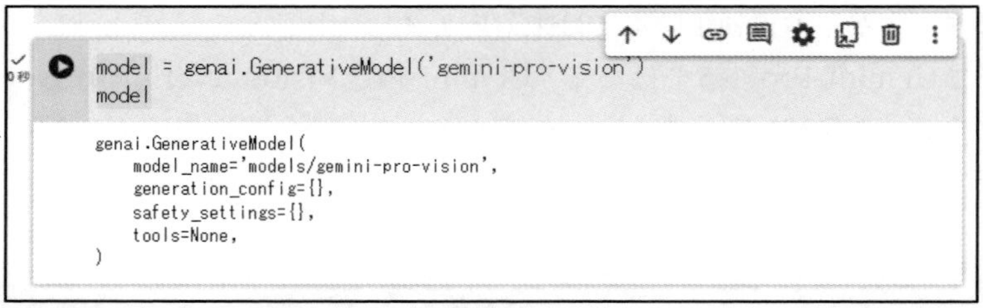

図 7-2 新たにGenerativeModelを用意する。

　これで新しく GenerativeModel が用意できました。これを使ってマルチモーダルを試し
てみます。

イメージファイルの用意

　では、マルチモーダルで利用するイメージファイルを用意しましょう。これはどんなもの
でもいい構いません。JPEG フォーマットのファイルを「ファイル」エリアにドラッグ＆ド
ロップして、ランタイム環境にアップロードしてください。

　Colab の左端にあるアイコンバーからフォルダーのアイコン（「ファイル」アイコン）をク
リックすると、ラインタイム環境の内容がツール類のエリアに表示されます。おそらく
「sample_data」というフォルダーが1つだけ表示されているでしょう。これは、ランタイム
環境に割り当てられている仮想ディスク（Colabでは「セッションストレージ」と呼ばれてい
ます）内のホームディレクトリとなる場所です。ここにファイルなどを用意しておくと、そ
れをColabのコードから利用できるようになります。

　このホームディレクトリにファイルをアップロードするのは簡単です。ファイルのアイコ
ンを、この「ファイル」ツールのエリア内にドラッグ＆ドロップすればいいのです。あるいは
ツールの上部にある「セッションストレージにアップロード」というアイコン（ファイルのア
イコン）をクリックしてアップロードするファイルを選択すれば、同様にファイルをアップ
ロードできます。

図 7-3　アイコンバーの「ファイル」を選択し、エリア内にファイルをドラッグ＆ドロップすればアップロードできる。

　もし、適当なイメージファイルがないという場合は、Googleが用意しているサンプルイメージを利用しましょう。新しいセルを用意し、以下を記述して実行してください。なお⏎の部分は改行せず続けて記述してください。これでセッションストレージにimage.jpgという名前でファイルがダウンロードされます。

リスト7-4

```
!curl -o image.jpg https://t0.gstatic.com/licensed-image?⏎
  q=tbn:ANd9GcQ_Kevbk21QBRy-PgB4kQpS79brbmmEG7m3VOT⏎
  ShAn4PecDU5H5UxrJxE3Dw1JiaG17V88QIol19-3TM2wCHw
```

図 7-4　実行するとimage.jpgをダウンロードする。

PIL.Imageオブジェクトの作成

　では、用意したイメージファイルをPythonのコードから利用するにはどうすればいいのでしょうか。これにはさまざまなやり方があるのですが、Gemini Pro Visionでイメージを利用する場合、PIL.Imageというオブジェクトを作成して使うのが基本となるでしょう。
　では、新しいセルを作成し、以下を記述してください。

リスト7-5

```
import PIL.Image
```

Chapter 1
Chapter 2
Chapter 3
Chapter 4
Chapter 5
Chapter 6
Chapter 7
Chapter 8

```
f_name = "" # @param{type:"string"}
img = PIL.Image.open(f_name)
img
```

図 7-5　実行するとimage.jpgを読み込みPIL.Imageを作成する。

　フォーム項目にファイル名を「image.jpg」と記述し、セルを実行すると、PIL.Imageオブジェクトを作成し、読み込んだイメージを下に表示します。

　ここで使ったPIL.Imageとは、「Pillow」というPythonの画像処理パッケージに用意されているモジュールです。Pythonで画像データを扱う際に広く利用されています。GenerativeModelでイメージを扱うときも、このPIL.Imageが用いられます。

 ## イメージとテキストで応答を生成する

　では、マルチモーダルの機能を使い、テキストとイメージデータを組み合わせて応答を生成してみましょう。新しいセルに以下を記述してください。

リスト7-6

```
from IPython.display import Markdown

prompt = "" # @param {type:"string"}

response = model.generate_content([prompt, img])
Markdown(response.text)
```

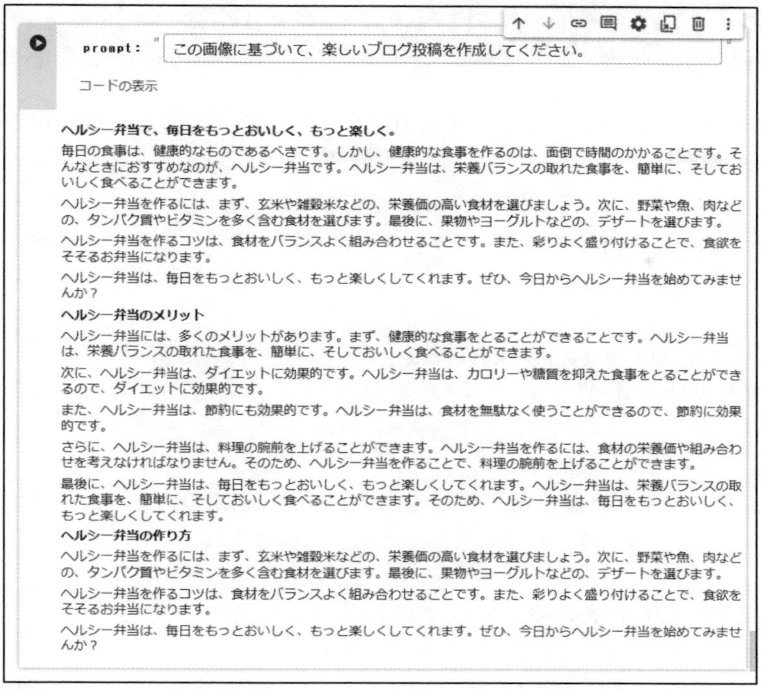

図 7-6　プロンプトを書いて実行すると、テキストとイメージをもとに応答が生成される。

　プロンプトを書いてセルを実行すると、プロンプトのテキストとimage.jpgのイメージから応答のコンテンツを作成します。イメージの内容に関する質問をすると、イメージの解析が意外なほど正確に行えていることがよくわかるでしょう。

　ここでは、プロンプトの送信は「generate_content」を使っています。送信する値を見ると、[prompt, img] というように文字列とイメージのリストになっていますね。このように、必要なコンテンツをリストにまとめて送ることで、それらすべてを使って応答が生成されるようになるのです。マルチモーダルの利用は、このように実に簡単です。

マルチモーダルでイメージ生成はできないの？　　　Column

　ここではイメージとテキストを組み合わせて応答のテキストを作成しました。ここで、「イメージの生成はできないの？」と思った人もいるかもしれません。

　現状では、Gemini Pro/Gemini Pro Visionでイメージの生成は行えません。イメージ生成は、Googleでは「imagen2」という専用のモデルを使うようになっています。いずれ、両者が連携して「Geminiにプロンプトを送れば自動的にimagen2でイメージを生成して返す」というようなことができるようになることでしょうが、現時点ではまだ実現していません。

JavaScriptでGemini Pro Visionを使う

　続いて、JavaScriptでマルチモーダルを利用する方法を説明しましょう。JavaScriptといっても いろいろな環境で使われます。ここでは、前章で作成したNode.jsのExpressをベースとするWebアプリのプロジェクトで利用することを考えてみましょう。

　まず、Gemini Pro Visionを利用する方法です。これは単純ですね。モデルを作成する際にGemini Pro Visionを指定すればいいだけです。

```
変数 =《GoogleGenerativeAI》.getGenerativeModel({
    model: "gemini-pro-vision"
});
```

　問題は、「イメージデータをどう渡すか」です。先にPythonで利用したときは、プロンプトとイメージをリストにまとめて渡すだけでした。こんな具合ですね。

```
generateContent( [プロンプト, イメージ] );
```

　しかし、JavaScriptの場合、これではうまく渡せません。JavaScriptでは、イメージは「インラインデータ」として用意する必要があります。これは、以下のような構造のオブジェクトになります。

```
{
  inlineData:{
    data:データ,
    mimeType:コンテンツの種類
  }
}
```

　このdataのところにイメージデータを指定し、mimeTypeのところにはデータの種類（JPEGやPNGといったフォーマット）を指定します。これをプロンプトと一緒に配列にまとめてgenerateContentに渡すのです。

URLでイメージを指定する

　では、イメージデータはどのような形で用意するのでしょうか。

　これは、Base64でエンコードされた文字列データとして用意します。Base64は、インターネットでイメージなどのバイナリデータを扱う際の基本となるデータ形式です。

　Webでイメージを扱う場合、いくつかの方法が考えられます。まずは、イメージがアップロードされているURLをテキストで指定し、そこからイメージをダウンロードして使うというやり方から考えてみましょう。

　Expressのプロジェクトでは、Webページの処理は3つのファイルで構成されていましたね。Node.jsのサーバー側のコードを記述したindex.js、トップページの表示を行うテンプレートファイル（「views」フォルダー内のindex.ejs）、そしてWebページの処理を行うスクリプトファイル（「public」フォルダー内のscript.js）です。これらをそれぞれ記述していきましょう。

　最初に用意するのは、「public」フォルダーの「script.js」です。このファイルの内容を以下のように書き換えましょう。

リスト7-7

```javascript
async function getAI(prompt, file) {
  const data = {
    prompt: prompt,
    file: file
  }
  const result = await fetch('/api/ai', {
    method: 'post',
    headers:{
      'Content-Type': 'application/json'
    },
    body: JSON.stringify(data)
  });
  return await result.json();
}
```

Chapter
1

Chapter
2

Chapter
3

Chapter
4

Chapter
5

Chapter
6

Chapter
7

Chapter
8

　このgetAI関数では、プロンプトと、ファイルが公開されているURLを引数に渡して呼び出すようにしています。この2つの値をオブジェクトにまとめた定数dataを作成し、これをボディコンテンツに設定してfetchを呼び出し、/api/aiにアクセスをしています。単に送信する値が2つに増えただけで、やっていることは先にChapter-6で作成したものとほとんど代わりありません。

index.ejsでWebページを作る

　続いて、テンプレートファイルを修正します。「views」フォルダーの「index.ejs」を開き、以下のようにコードを書き換えてください。

リスト7-8

```html
<!DOCTYPE html>
<html lang="ja">
<head>
  <title><%= title %></title>
  <link href="https://cdn.jsdelivr.net/npm/bootstrap/dist/css/bootstrap.min.css"
    rel="stylesheet" crossorigin="anonymous">
    <script src="https://cdn.jsdelivr.net/npm/marked/marked.min.js"></script>
  <script src="script.js"></script>
  <script>
  function doAction(){
    const message = document.querySelector('#message');
    const file = document.querySelector('#file');
    const content = document.querySelector('#content');
    content.textContent = "wait...";
    getAI(message.value,file.value)
      .then(result=>{
        const answer = result.candidates[0].content.parts[0].text;
        content.innerHTML = marked.parse(answer);
    });
  }
  </script>
</head>
<body class="container">
  <header>
    <h1 class="display-6 my-4"><%= title %></h1>
  </header>
  <div role="main">
    <div class="my-4">
      <div class="my-1">
        <input type="text" class="form-control"
          id="message" name="message" />
      </div>
      <div class="my-1">
        <input type="text" class="form-control"
          id="file" name="file" />
      </div>
      <div class="my-1">
        <button class="btn btn-primary"
          onclick="doAction();">Click</button>
      </div>
      <hr />
      <div class="h5">Answer:</div>
      <p class="border border-secondary-subtle p-4"
        id="content">
```

```
            <%= content %></p>
      </div>
    </div>
  </body>
</html>
```

では、ポイントを簡単に整理しましょう。今回は、入力フィールドとして以下のようなものを用意してあります。

```
<input type="text" class="form-control" id="message" name="message" />
<input type="text" class="form-control" id="file" name="file" />
```

id="message"がプロンプトを記述するもの、そしてid="file"がファイルのURLを記述するものです。これらは、ボタンをクリックして呼び出されるdoAction関数でエレメントをそれぞれmessageとfileとして取り出した後、以下のような形でgetAI関数を呼び出しています。

```
getAI(message.value,file.value).then(result=>{
  const answer = result.candidates[0].content.parts[0].text;
  content.innerHTML = marked.parse(answer);
});
```

非同期のgetAI関数を呼び出し、thenのアロー関数で戻り値から応答のテキストを取り出し、content.innerHTMLに表示をしています。応答のテキストは、marked.parseでMarkdownの記述をHTMLに変換して表示してあります。

これでクライアント側の処理はできました。後は、サーバー側の処理を作成するだけです。

サーバー側の処理を作る

では、index.jsを開いてサーバー側の処理を修正しましょう。すでにこのファイルには、前章でapp.get('/', ～とapp.post('/api/ai', ～というルート処理が作成してありましたね。そしてGenerativeModelにアクセスするためのrunという関数も作成してありました。これらを以下のように修正しましょう。

リスト7-9

```
// トップページの処理
app.get('/', function(req, res, next) {
  res.render('index', {
    title: 'Express',
```

```javascript
    prompt: req.session.prompt,
    content:'※未応答'
  });
});

// APIの処理
app.post('/api/ai', async (req, res) => {
  var prompt = req.body.prompt;
  var imageUrl = req.body.file;

  const response = await fetch(imageUrl);
  const arrayBuffer = await response.arrayBuffer();
  const buffer = Buffer.from(arrayBuffer);
  const base64 = buffer.toString('base64');
  const inline = {
    inlineData:{
      data:base64,
      mimeType:"image/jpeg"
    }
  }
  const result = await run([prompt, inline]);
  res.json(result);
});

// AIのアクセス
async function run(prompt) {
  const model = genAI.getGenerativeModel({
    model: "gemini-pro-vision"
  });
  const result = await model.generateContent(prompt);
  return result.response;
}
```

図 7-7 2つのフィールドにプロンプトとイメージのURLをそれぞれ記入する。

　記述できたら、node index.jsでサーバープログラムを実行し、Webブラウザからhttp://localhost:3000/にアクセスして動作を確認しましょう。2つのフィールドは、上のものにプロンプトを記述し、下のものにはイメージのURLを記述します。これでボタンをクリックすると、指定したURLからイメージをダウンロードし、それとプロンプトをまとめてGemini Pro Visionに送って応答を取得します。

図 7-8　実行すると応答が下に表示される。

URLからイメージを取得する

　ここでは、/api/aiの処理で、指定したURLからイメージデータを取得し、それをBase64にエンコードして送信するデータを作成し、run関数を呼び出す、ということを行っています。実際にAIにアクセスしているのはrun関数ですが、その前の一番大変な下処理をしているのが/api/aiのルート処理でしょう。

　ここでは、Requestのbodyからpromptとfileの値をそれぞれ変数に取り出し、fileの値（イメージのURL）にアクセスしてイメージデータを取得しています。

```
const response = await fetch(imageUrl);
```

fetchの戻り値であるResponseから、ダウンロードしたイメージデータを取得します。これには、まずResponseからArrayBufferというオブジェクトを取得します。これはバイナリデータを扱うためのオブジェクトです。

```
const arrayBuffer = await response.arrayBuffer();
```

続いて、このArrayBufferからBufferというオブジェクトを取得します。これはバイナリデータを操作できるようにするために必要なものです。

```
const buffer = Buffer.from(arrayBuffer);
```

このBufferからBase64エンコードの文字列を取得します。

```
const base64 = buffer.toString('base64');
```

toStringで"base64"を指定することで、Base64にエンコードされた文字列が得られます。後は、これとプロンプトを使ってインラインデータを作成し、run関数を呼び出すだけです。

```
const inline = {
  inlineData:{
    data:base64,
    mimeType:"image/jpeg"
  }
}
const result = await run([prompt, inline]);
```

runでは、モデル名に"gemini-pro-vision"を指定してGenerativeModelを作成し、model.generateContent(prompt);を呼び出しています（promptには引数で渡された配列が入っている）。後はその結果からjsonでオブジェクトを取り出し利用するだけです。

ファイルをアップロードして利用する

Webサイトでイメージを利用するもう1つの方法は、ファイルをアップロードして試用するものです。これは、<input type="file">を使って行うのが一般的です。

では、実際にコードを修正していきましょう。まず、テンプレートからです。「views」フォルダーのindex.ejsに記述したURLの入力フィールドの記述を以下のように修正します。

リスト7-10
```
<input type="file" class="form-control" id="file" name="file" />
```

入力フィールドのタイプをtype="file"と変更しています。これでファイルを選択して使うようになりました。

続いて、<script>タグに記述したdoAction関数を修正します。

リスト7-11

```javascript
function doAction(){
  const message = document.querySelector('#message');
  const content = document.querySelector('#content');
  content.textContent = "wait...";

  getAI(message.value, base64_data)
    .then(result=>{
      const answer = result.candidates[0].content.parts[0].text;
      content.innerHTML = marked.parse(answer);
  });
}
```

ここでは、type="file"の処理は何もしていません。getAI関数の引数には、base64_dataという変数が設定されていますね。これは、この後で編集するscript.jsに用意されているグローバル変数です。ここにBase64でエンコードした値が保管されています。

script.jsを修正する

では、スクリプトファイルの内容を修正しましょう。「public」フォルダーのscript.jsの内容を以下に書き換えてください。

リスト7-12

```javascript
var base64_data = null;

async function getAI(prompt) {
  const data = {
    prompt: prompt,
    base64_data: base64_data
  }
  const result = await fetch('/api/ai', {
    method: 'post',
    headers:{
      'Content-Type': 'application/json'
    },
    body: JSON.stringify(data)
  });
  return await result.json();
```

```
}

function setFileToB64() {
  const input = document.querySelector('#file');

  input.addEventListener('change', (event) => {
    const file = event.target.files[0];
    const reader = new FileReader();

    reader.onload = () => {
      base64_data = reader.result;
    };

    reader.readAsDataURL(file);
  });
}
```

　ここでは /api/ai にアクセスする getAI 関数を修正しているだけでなく、新たに
setFileToB64 という関数を用意しました。これは id="file" のエレメントにファイル読み込
みの処理を組み込むためのものです。
　コードを修正したら、「views」フォルダーの index.ejs を開き、<body>を以下に書き換え
てください。

リスト7-13
```
<body class="container" onload="setFileToB64();">
```

　これで、Webページが表示されると setFileToB64 関数が実行され、<input type="file"
id="file">でファイルを選択するとそのイメージデータがBase64にエンコードされてグローバ
ル変数base64_dataに代入されるようになります。

<input type="file">のイベント処理

　この setFileToB64 関数で行っているのは、<input type="file" id="file">のエレメントの
イベント処理です。ここでは、ファイルを選択した際のイベント処理を以下のように組み込
んでいます。

```
input.addEventListener('change', (event) => {……});
```

　addEventListener というのが、イベント処理を追加するためのメソッドです。これは第
1引数のイベントが発生したら第2引数のアロー関数を実行するように設定するものです。
　ここでは、'change' というイベントに処理を割り当てていますね。これは、値が変更され

たときに発生するイベントです。ファイルを選択すると値が変更され、ここで設定したイベントが実行されるようになります。

このイベント処理では、選択したファイルのオブジェクトを取り出し、「FileReader」というオブジェクトを作成しています。

```
const file = event.target.files[0];
const reader = new FileReader();
```

FileReaderは、ファイルの読み込み処理を行うためのものです。これはオブジェクトを作成後、以下のようにして読み込んだ値を変数base64_dataに代入するようにしています。

```
reader.onload = () => {
  base64_data = reader.result;
};
```

reader.onloadは、FileReaderがロードされたときに実行されるイベント処理です。ここで、FileReaderで読み込まれた値(reader.result)を変数に代入しています。

イベント設定ができたら、FileReaderでfileを読み込みます。

```
reader.readAsDataURL(file);
```

これでfileからReaderを読み込むと、先ほどのreader.onloadのイベント処理が実行され、読み込んだデータがbase64_dataに保管されるようになりました。readAsDataURLでFileReaderに読み込まれたデータはBase64にエンコードされています。このため、別途エンコードの処理などを考える必要がなく、代入したbase64_dataを使ってそのままAIにデータを送信できます。

APIの処理の修正

では、サーバー側のAPIの処理を修正しましょう。すでにイメージデータはBase64にエンコード済みですから、コードはぐっとシンプルになります。では、index.ejsのapp.post('/api/ai', ～の部分を以下に書き換えてください。

リスト7-14

```
app.post('/api/ai', async (req, res) => {
  const prompt = req.body.prompt;
  const base64_data = req.body.base64_data;
  const base64 = base64_data.split(',')[1];
  const inline = {
```

```
    inlineData:{
      data:base64,
      mimeType:"image/jpeg"
    }
  }
  const result = await run([prompt, inline]);
  res.json(result);
});
```

図 7-9 Webページの表示が変わり、プロンプトの入力フィールドと、ファイルの選択フィールドが用意される。

　修正できたらサーバープログラムをリスタートし、Webページにアクセスして動作を確認しましょう。今回は、プロンプトを入力するフィールドと、ファイルを選択するフィールドが用意されます。プロンプトを書き、送信するファイル（JPEGファイル）を選択してボタンをクリックすると、Gemini Pro Visionにアクセスして応答を生成します。

　今回のAPIの処理も、やっていることは前回作成したものと同じです。ただ、Base64にエンコードする必要がなくなったため、その処理部分（fetchしてから変数base64にエンコードデータを取り出すまでの部分）がなくなってシンプルになりました。またfetchでイメージをダウンロードする必要もなくなったため、処理にかかる時間も若干短くなっています。

　以上、URLをもとにネットワーク経由でイメージを取得する方法と、ファイルをアップロードして使う方法それぞれについてマルチモーダルを利用するコードを作成しました。JavaScriptは、Pythonに比べるとイメージのエンコード処理などが必要となり、わかりにくくなっています。またマルチモーダルの実行も、ただコンテンツをまとめてgenerateContentを呼び出すのではなく、インラインデータという決まった構造のオブジェクトを作成して渡す必要があります。

　面倒ではありますが、JavaScriptはWebページからサーバーまでさまざまなシーンで活用されている言語ですので、基本的な考え方がわかれば非常に幅広い範囲で利用できるようになります。

Section 7-2 関数との連携

関数を定義するとは？

　最後に、Geminiに新たに追加されようとしている新機能について少しだけ触れておくことにしましょう。これは、2024年3月の時点で、まだβ版として公開されている機能です。実際に使ってみても動作は不安定で、うまく動かないこともあります。また今後、仕様が変更される可能性もあるでしょう。ですので、「今後、こういう機能が追加されるようだ」という参考程度に読んでみてください。

　Googleが公開するドキュメントは、Python用のみです。これに合わせ、ここではPythonのコードで説明をします。JavaScriptなどもいずれ使えるようになるでしょうが、現状はまだ未対応のようです。

　このβ版の機能は「関数呼び出し（Function Calling）」と呼ばれるものです。これはどういうものかというと、あらかじめ関数を定義しておき、必要に応じてプロンプトから関数を呼び出して処理を行わせる、というものです。

　これは、モデルを作成する際に「tools」という引数に指定します。

```
GenerativeModel("モデル名", tools=[ 関数のリスト ])
```

　このように、あらかじめ定義しておいた関数をリストにまとめたものをtoolsに設定しておきます。これにより、指定した関数がモデルに組み込まれます。

掛け算の関数をモデルに追加する

　では、実際に試してみましょう。ここではごく単純な例として、掛け算をする関数を作成し、これをtoolsに指定してモデルを作成してみましょう。新しいセルに以下を書いて実行してください。

Chapter
1

Chapter
2

Chapter
3

Chapter
4

Chapter
5

Chapter
6

Chapter
7

Chapter
8

リスト7-15

```
def multiple(a:float, b:float):
  return a * b

model = genai.GenerativeModel("gemini-pro", tools=[multiple])
model
```

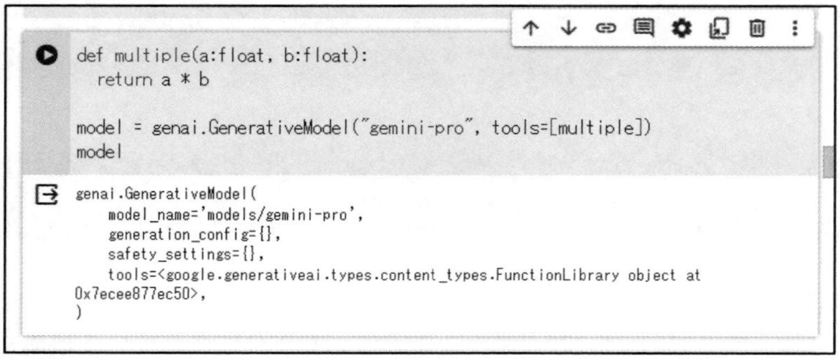

図 7-10　実行すると、toolsに関数を持ったモデルが作成される。

　これを実行すると、GenerativeModelを作成します。実行したとき、toolsのところでエラーが発生するようなら、一度ランタイムを削除し、google-generativeaiパッケージのインストールからやり直してみてください。これで動作することもあります。

　ここでは、GenerativeModelを作成し、その内容を出力しています。その内容を見ると、このような値が追加されているのがわかるでしょう。

```
tools=<google.generativeai.types.content_types.FunctionLibrary object at xxxx>
```

　このFunctionLibraryというのが、toolsに追加したmultiple関数のオブジェクトです。関数は、このようにFunctionLibraryというオブジェクトに変換されて保管されます。

プロンプトから関数を利用する

　では、実際に試してみましょう。関数利用はチャットを使う場合が多いのですが、generate_contentでも動作はします。

　実際に試してみましょう。新しいセルに以下を記述しましょう。

リスト7-16

```
val_a = 5 # @param{type:"integer"}
val_b = 7 # @param{type:"integer"}

response = model.generate_content(f'a={val_a}, b={val_b}')
response.parts
```

```
val_a: 5

val_b: 7

コードの表示

[function_call {
    name: "multiple"
    args {
        fields {
            key: "a"
            value {
                number_value: 5.0
            }
        }
        fields {
            key: "b"
            value {
                number_value: 7.0
            }
        }
    }
}
]
```

図 7-11 戻り値のpartsにはfunction_callという値が作成されている。

2つの数字を入力するフィールドが表示されるので、ここにそれぞれ数字を記入します。そしてセルを実行すると、generate_contentを実行してその応答を表示します。

通常のプロンプト送信では、textといった値を持つ辞書が表示されますが、ここでは「function_call」という値が作成されています。これが、関数呼び出しによって作成された値です。

チャットで関数を利用する

generate_contentで関数が呼び出されているのはこれで確認できました。しかし、これではまだ応答は作成されません。実際にresponse.textを表示させようとするとエラーになるでしょう。

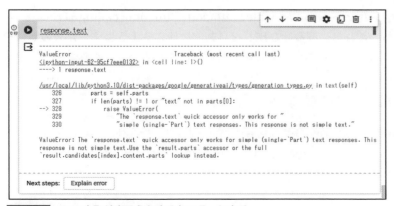

```
response.text

-----------------------------------------------------------------
ValueError                          Traceback (most recent call last)
<ipython-input-62-95cf7eee0132> in <cell line: 1>()
----> 1 response.text

/usr/local/lib/python3.10/dist-packages/google/generativeai/types/generation_types.py in text(self)
    326         parts = self.parts
    327         if len(parts) != 1 or "text" not in parts[0]:
--> 328             raise ValueError(
    329                 "The `response.text` quick accessor only works for "
    330                 "simple (single-`Part`) text responses. This response is not simple text."

ValueError: The `response.text` quick accessor only works for simple (single-`Part`) text responses. This
response is not simple text.Use the `result.parts` accessor or the full
`result.candidates[index].content.parts` lookup instead.
-----------------------------------------------------------------

Next steps:    Explain error
```

図 7-12 textを取り出そうとするとエラーになる。

なぜ、textの値が取り出せないのか。それは、generate_contentで得られたのは関数呼び出しの値であり、そこからさらにプロンプトを送信して応答を得なければいけないからです。関数呼び出しは、

「プロンプト送信」→「関数の情報」→「関数の呼び出し」→「応答の生成」

このように、AIと2回のやり取りを行って応答が得られるようになっているのです。

これは、手作業で行ってもいいのですが、もっと簡単な方法があります。それはチャットセッションを使うのです。これを使うと、最初にプロンプトを送るだけで、2回のやり取りを自動的に行い、応答を返してくれます。

では、新しいセルを用意してチャットを行うコードを作成しましょう。

リスト7-17

```
val_a = 5 # @param{type:"integer"}
val_b = 7 # @param{type:"integer"}

chat = model.start_chat(enable_automatic_function_calling=True)
response = chat.send_message(f'a={val_a}, b={val_b}')
response.text
```

図 7-13 2つの数字を送るとmultiple関数による応答が返ってきた。

2つのフィールドに数字を入力して実行すると、計算結果が応答として表示されます。今度は、問題なく答えが得られるようになりました。

ここでは、start_chatをする際に「enable_automatic_function_calling=True」という値を用意していますね。これは、関数呼び出しを自動的に使えるようにするためのものです。これにより、toolsに用意した関数が必要に応じて呼び出されるようになります。

チャットのやり取りを確認する

チャットだとなぜきちんと応答が得られるのか。それは内部で2回のやり取りを行っているからです。どういうやり取りが行われているのか見てみましょう。新しいセルに以下を記述し実行してください。

リスト7-18

```
for content in chat.history:
```

```
part = content.parts[0]
print(content.role, "->", type(part).to_dict(part))
print('-'*80)
```

```
for content in chat.history:
    part = content.parts[0]
    print(content.role, "->", type(part).to_dict(part))
    print('-'*80)

user -> {'text': 'a=5, b=7'}
--------------------------------------------------------------------------------
model -> {'function_call': {'name': 'multiple', 'args': {'a': 5.0, 'b': 7.0}}}
--------------------------------------------------------------------------------
user -> {'function_response': {'name': 'multiple', 'response': {'result': 35.0}}}
--------------------------------------------------------------------------------
model -> {'text': 'aとbの積は35です。'}
--------------------------------------------------------------------------------
```

図 7-14　実行すると2回のやり取りの内容がわかる。

　これを実行すると、チャットの履歴が出力されます。これで、userとmodelのやり取りがわかります。見てみると、やり取りされる値が以下のように変化していますね。

```
user：text → model：function_call → user：function_response → model：text
```

　途中で：function_callを受け取り、そこからfunction_responseを送る、ということを行っているのがわかります（この部分が、実際には表示されていないやり取りです）。こうして関数の実行結果をもとに応答を作っていたのです。

Toolオブジェクトで関数を定義する

　このように、関数を定義して組み込むのはとても簡単です。ただ、実際に使ってみると、ただtoolsに関数を指定しただけで、なぜその関数を使って計算を行うようになるのか、またプロンプトとモデルの間の2回の呼び出しがどうなっているのか、などがまったく見えてきません。
　そこで、もう少し低レベルの処理から実装して、関数呼び出しの仕組みを調べてみることにしましょう。

　関数の呼び出しは、google.ai.generativelanguageというモジュールにある「Tool」というクラスを使って定義します。

```
Tool(function_declarations=[ 関数定義のリスト ])
```

引数にfunction_declarationsという値を用意していますね。これは以下のような構造で値を定義します。

```
FunctionDeclaration(
    name="関数名",
    description='関数の説明',
    parameters=パラメータ)
```

nameに割り当てる関数名を指定し、descriptionに関数の働きを説明するテキストを用意します。そしてparametersにパラメータの情報を用意します。このパラメータ情報は、Schemaというオブジェクトを使って指定します。

```
Schema(
    type=タイプ,
    properties=プロパティの定義,
    required=[ 必須項目 ],
)
```

typeにタイプ、propertiesにプロパティ（パラメータとして渡される引数)の内容を記述します。requiredには必須項目となる引数をリストで指定します。

propertiesは辞書になっており、以下のような形の値が保管されます。

```
"引数名": Schema(type=タイプ, description=説明)
```

Schemaのpropertiesの辞書にさらにSchemaが入っていてわかりにくいのですが、こうして各引数を定義したものをまとめたものがpropertiesに用意されるのです。

Toolを作成してモデルを用意する

では、Toolを作成してmultiple関数をモデルに組み込んでみましょう。新しいセルを用意し、以下のように記述してください。

リスト7-19

```
import google.ai.generativelanguage as glm

tool = glm.Tool(
    function_declarations=[
        glm.FunctionDeclaration(
            name="multiple",
            description='a * b を計算して表示する。',
```

```
            parameters=glm.Schema(
                type=glm.Type.OBJECT,
                properties={
                    "a": glm.Schema(
                        type=glm.Type.NUMBER,
                    ),
                    "b": glm.Schema(
                        type=glm.Type.NUMBER,
                    ),
                },
                required=["a","b"],
            ),

        )
    ]
)

model = genai.GenerativeModel("gemini-pro", tools=[tool])
model
```

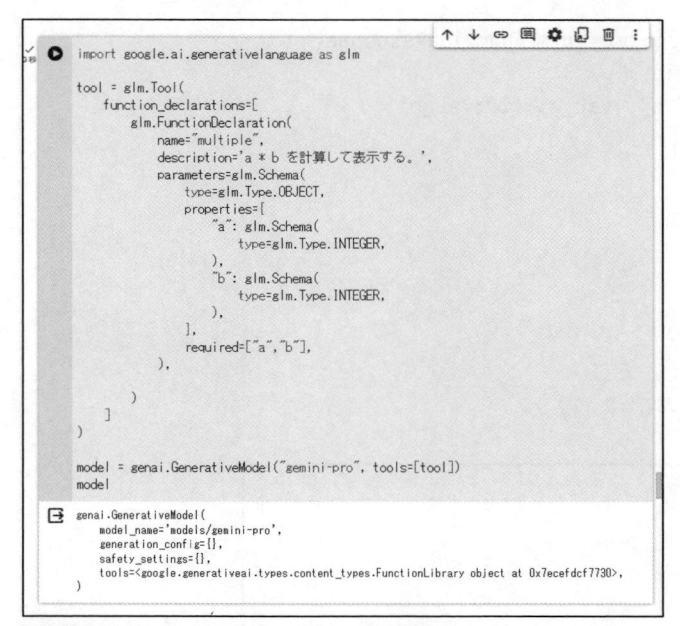

図 7-15 Toolを組み込んだモデルを作成する。

　これを実行すると、モデルが作成されます。ここではtoolという変数にToolオブジェクトを用意し、これを使ってGenerativeModelを作成しています。Toolの引数は非常に構造が複雑でわかりにくいのですが、先ほどの説明をもとにどのようになっているのか考えてみてください。

チャットによる処理を作成する

では、作成したモデルを使い、チャットでモデルとやり取りを行ってみましょう。新しいセルに以下のコードを記述してください。

リスト7-20

```python
val_a = 5 # @param{type:"integer"}
val_b = 7# @param{type:"integer"}

chat = model.start_chat()
response1 = chat.send_message(f'"a":{val_a}, "b":{val_b}.')

try:
  print(response1.text)
except Exception as e:
  response2 = chat.send_message(
    glm.Content(
      parts=[
        glm.Part(
          function_response = glm.FunctionResponse(
            name="multiple",
            response={"a": val_a, "b":val_b}
          )
        )
      ]
    )
  )
  try:
    print(response2.text)
  except Exception as e:
    print("応答が得られませんでした。")
```

図 7-16　実行すると計算結果が表示される。

先ほどと同様に、2つのフィールドに数字を記入して実行すると計算結果が表示されます。ただし、これは常に結果が表示されるとは限りません。AIによって必要なときに関数が呼

び出され結果が処理されるため、時には「Ok, the result is {"a": 5, "b": 7}.」というように値だけが表示されたりすることもあります。何度か試してみて、どういう結果が表示されるか確認しましょう。

ここでは、まずプロンプトをsend_messageで送信し、そのtextを表示させています。関数呼び出しがされていた場合、これは例外が発生するため、except内で2度目のsend_messageを行っています。これは、以下のような値が引数に用意されています。

```
Content(
  parts=[
    glm.Part(
      function_response = glm.FunctionResponse(
        name="multiple",
        response={"a": val_a, "b":val_b}
      )
    )
  ]
)
```

Contentのpartsに送信する値を用意するという点は同じですが、ここにはPartというオブジェクトを用意し、その中にfunction_responseという値でFunctionResponseオブジェクトを指定しています。これにより、関数からのレスポンス情報がコンテンツにまとめられモデルに送られます。結果、関数の実行結果の応答が返されるというわけです。

チャットを利用した関数呼び出しが内部でどのように動いているのか、これでだいぶわかってきましたね。

Geminiは日々進化する

ここではGeminiの新しい機能としてマルチモーダルと関数呼び出しについて説明をしました。マルチモーダルはver. 1.0ではVisionでのみ利用可能でしたが1.5ではGemini Proに統合されています。また関数呼び出しはまだβ版ですが近い内に正式にリリースされるでしょう。

このようにGeminiの開発スピードは非常に速く、新たな機能が次々と実装されています。ここで紹介したものは「比較的最近の新機能」であり、これがすべてではありません。AIモデルの学習は、終わりがありません。常に走り続けるしかないのです。

Chapter

8

エンベディングの利用

エンベディングは、テキストのコンテンツをベクトルデータに変換する特殊なモデルです。これを利用することで、コンテンツを意味的に解析し処理できるようになります。ここではエンベディングの基本を説明し、プロンプトの内容をもとにコンテンツを検索する仕組みを作成してみましょう。

Section 8-1 エンベディングの基本

エンベディングとは？

ここまで、AIモデルの利用は基本的に「コンテンツを送ると、応答がテキストで返ってくる」というものでした。これは、どんなモデルでもLLMであれば基本的に同じです。

しかし、モデルの中には、通常のテキストではない値が返されるものもあります。イメージやオーディオデータを返すものなども存在しますが、ここでいっているのは「数値データを返すモデル」のことです。

これは「エンベディングモデル」と呼ばれるもので、GoogleGenerativeAIにも用意されています。

意味を数値化する

「エンベディング」は、テキストの意味を数値化する技術です。テキストは、「文字の並びが似ているか」ということの他に「意味が似ているか」ということが重要になります。似たようなテキストでも意味がまったく違うことはありますし、ぜんぜん違うテキストでも意味的には近いものもあります。こうしたテキストの意味を数値化するために生まれたのがエンベディングという技術です。

エンベディングは、テキストを意味的な類似性や文脈上の関連性などから多数の数字のベクトルに変換します。例えば、意味的に近い言葉は近い値になりますし、文脈上近い意味合いのテキストは近い値になります。

エンベディングは専用のモデルを持っており、そのモデルではさまざまな言葉の意味や関係性を学習しています。このモデルをもとにテキストを数値化するのがエンベディングという技術なのです。

エンベディングすると何ができる？

こうした説明を読んでも、「それって、自分に何か関係あるの？」と思った人も多いんじゃないでしょうか。テキストを数字の羅列にする。これは、AIの専門家なら何か意味があるのでしょうが、ただ「AIを使っていろいろ質問して答えをもらうプログラムを作りたい」というだけの人にはあまり意味がないように思えますね。

しかし、そんなことはありません。数値化するということは、「テキストを数字で処理できるようになる」ということです。数字を比較することで、テキストを意味的に比較できるようになるのです。

これが可能になると何ができるのか。具体的には、このようなことが思い浮かぶでしょう。

● テキストの分類。あらかじめいくつかの分類の説明テキストを数値化しておき、ユーザーが入力したテキストがどの分類に一番近いかを調べることで意味的な分類が可能になる。
● 意味的な検索。あらかじめさまざまなデータを数値化しておき、もっとも近いものを調べることで、用意した項目から意味的に近いものを検索できる。
● データの異常検知。さまざまなデータをエンベディングし比較することで、通常とは異なるデータを検知できるようになる。

数値にして比較できるということは、このように「テキストの意味を計算に使える」ということなのです。そう考えると、いろいろな使い方ができそうでしょう？

エンベディングを使う

では、実際にエンベディングを使ってみましょう。エンベディングは、google.generativeaiモジュールに「embed_content」という関数として用意されています。GenerativeModelを作成する必要はありません。ただembed_contentを呼び出すだけで結果が得られます。

```
変数 = embed_content(
  model=モデル名,
  content=コンテンツ,
  title=タイトル,
  task_type=タスクタイプ)
```

modelにモデル名を、contentに調べるプロンプトをそれぞれ指定します。titleは、その後のtask_typeでRETRIEVAL_DOCUMENTを選んだときドキュメントタイトルとして指定します。

最後のtask_typeは、タスクの種類を指定するもので、以下のような値が用意されています。

▼ task_typeの種類

retrieval_query	指定されたテキストが検索／取得設定のクエリであることを指定します。
retrieval_document	指定されたテキストが検索／取得設定のドキュメントであることを指定します。
semantic_similarity	指定されたテキストがセマンティック テキスト類似性 (STS) に使用されることを指定します。
classification	埋め込みが分類に使用されることを指定します。
clustering	埋め込みがクラスタリングに使用されることを指定します。

よくわからないでしょうが、とりあえず普通にテキストをエンベディングしたいのであればretrieval_documentを指定しておけばいいでしょう。この値が用途と違うものを指定したからといって問題が起こることはありません。

何度か使っている内に、「今回はこの値にしたほうがいいな」ということが自然とわかってくるでしょう。それまでは深く考える必要はありません。

テキストをエンベディングしてみる

では、実際にエンベディングを行ってみましょう。新しいセルを用意し、以下のコードを記述してください。なお、前章から時間が経過してランタイムとの接続が切れている場合は、リスト7-1、7-2を再度実行してGenerative AIが使える状態にしておいて下さい。

リスト8-1

```
import google.generativeai as genai

prompt = "" # @param{type:"string"}

response = genai.embed_content(
  model="models/embedding-001",
  content=prompt,
  title=prompt,
  task_type="retrieval_document")

response["embedding"][0:10]
```

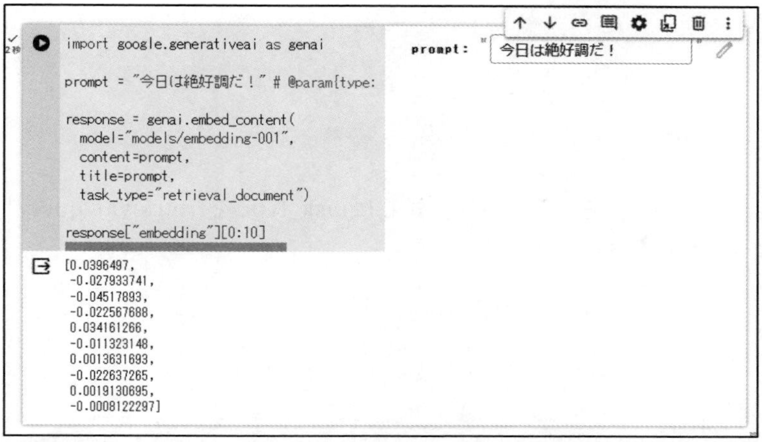

図 8-1 実行するとエンベディングされたベクトルデータの最初の10個を表示する。

　セルに用意されるフォーム項目にプロンプトを記入し、セルを実行してください。プロンプトのエンベディングを調べ、得られたベクトルデータから最初の10個を表示します。この値は、以下のようにして出力しています。

```
response["embedding"][0:10]
```

　embed_contentの戻り値は辞書の値になっており、"embedding"というところにベクトルデータがまとめられています。この値を取り出して利用すればいいのですね。

　実行してみると、細かな実数値がずらっと現れるでしょう。値を見れば想像がつきますが、すべての値は0〜1.0の範囲の実数となっています。これがエンベディングの値なのです。

　今回、embed_contentの引数では、modelに "model/embedding-001" と値を指定していますね。「embedding-001」というのが、今回使ったエンベディングモデルです。これがGeminiと共に公開されているエンベディングモデルになります。以後、エンベディングのモデルはこれを利用していきます。

┃タスクタイプによる違い

　今回、task_typeは "retrieval_document" を指定しておきました。「今日は絶好調だ！」というプロンプトをエンベディングすると、以下のような値が出力されるでしょう。

```
[0.0396497,
-0.027933741,
-0.04517893,
-0.022567688,
0.034161266,
-0.011323148,
```

```
0.0013631693,
-0.022637265,
0.0019130695,
-0.0008122297]
```

　では、タイプが変わるとどうなるでしょうか。試しにtask_typeを"retrieval_query"にしてみると、以下のような値が返されます。

```
[0.03180745,
-0.055713475,
-0.022616325,
-0.023519518,
0.016235048,
-0.0002467941,
0.011484197,
-0.014392779,
0.008546079,
-0.024424953]
```

　かなり値が違っていることがわかります。エンベディングをどのような用途に用いるかにより、算出の仕組みが異なっているのでしょう。重要なのは、「タスクのタイプが違うと値が変化する」という点です。従って、エンベディングでデータを得るとき、異なるタスクの値が混在していると思うような結果が得られないこともあるかもしれません。「エンベディングデータを揃えるときはタスクタイプも揃える」という点に注意しましょう。

 ベクトルのデータ数はモデルで異なる　　　　　　　　　　**Column**

　今回作成したエンベディングのコードを実行して得られるベクトルデータは768個の実数で構成されています。ただし、これは今回利用したembedding-001というモデルの場合、と考えてください。

　エンベディングで得られるベクトルの内容（データ数など）は、試用するモデルによって異なります。異なるモデルを使えば得られるベクトルデータの値もデータ数もまるで違うものになります。従って、エンベディングで得たベクトルデータを扱うプログラムを作成する場合、異なるモデルの値を使うことはできません。

ベクトルの近さと内積

　エンベディングにより、プロンプトのテキストを多数の実数のベクトルとして得られるのがわかりました。しかし、おそらくほとんどの人は、こんな数字の塊を渡されても途方に暮れてしまうでしょう。「これ、一体何に使えばいいんだ？」と。

　このベクトルデータを分析して何かに役立てるということもできるでしょうが、それよりももっとも有用な使い方は「ベクトル同士の比較」です。

　エンベディングはテキストの意味的な情報を数値化します。ということは、似たような意味合いのテキストは、エンベディングで得られた結果も近いものとなっているはずです。いくつかのテキストをエンベディングし、その結果を比較することで、「どれとどれが意味的に近いか、あるいは離れているか」を知ることができます。

　では、2つのベクトルが近い内容かどうかはどうやって知ることができるでしょうか。これにはさまざまな方法が考えられますが、ベクトルの内積（ドット積）を利用するのがもっともわかりやすいでしょう。

　内積とは、2つのベクトルの成分ごとの積の総和です。1つのベクトルの1つ目の値、2つ目の値、……というように最初から順に値を取り出して掛け算し、その合計を計算するわけですね。

2つの感情のエンベディング

　では、実際に試してみましょう。ここでは、「いい感情」と「悪い感情」の2つのコンテンツのエンベディングを作成し、これをもとにプロンプトの感情を調べることにしましょう。

　まず、いい感情と悪い感情のコンテンツを用意します。新しいセルに以下を記述してください。なお、テキストは長いため折り返し表示していますが、すべて1行にまとめて記述してください。

リスト8-2

```
response1 = genai.embed_content(
    model="models/embedding-001",
    content="不快感や不安、不満足感など、心身が不快で不健康な状態を指します。これは、悲しみ、怒り、恐れ、失望などの否定的な感情が支配的であるときに発生します。また、不安やストレス、緊張感が強い状況や、心身の不調や苦痛があるときにもこの状態が生じます。人間関係の問題や仕事のストレス、健康上の懸念などが原因で起こることがあります。心身の健康や幸福に悪影響を与えるだけでなく、行動や判断力にも悪影響を及ぼす可能性があります。",
    title="bad feeling",
    task_type="retrieval_document")

bad_feel = response1["embedding"]
```

```
response2 = genai.embed_content(
    model="models/embedding-001",
    content="心身が穏やかで満足感や幸福を感じる状態を指します。これは、ポジティブな感情や喜び、安
心感、満足感が同時に経験されることを意味します。よい感覚は、物事が順調に進んでいると感じるときや、他
人とのつながりや共感するときに生じることがよくあります。これは、身体的な快楽や心理的な充足感によって
も引き起こされる場合があります。状況や人によって異なりますが、一般的にはポジティブな心の状態であり、
生活の質を向上させる効果があります。",
    title="good feeling",
    task_type="retrieval_document")

good_feel = response2["embedding"]
```

　2つのコンテンツのエンベディングを作成し、それぞれ bad_feel と good_feel という変数
に保管しておきました。新たにプロンプトを入力してもらったら、これらのベクトルデータ
との内積を計算することで、どちらのコンテンツに近いか判断できるでしょう。

　ここではタスクタイプに retrieval_document を指定し、title には "bad feeling" と "good
feeling" を指定しておきました。embedding-001 は、2024年3月時点では、あまり日本語
が得意でないようで、英語で title を指定することで判断がかなり正確になるようです。

プロンプトの感情を判断する

　では、プロンプトを入力し実行する処理を作成しましょう。新しいセルに以下を記述して
ください。

リスト8-3

```
import numpy as np

prompt = "" # @ param{type:"string"}

response = genai.embed_content(
    model="models/embedding-001",
    content=prompt,
    task_type="retrieval_document")

feel = response["embedding"]

to_good = np.dot(feel, good_feel)
to_bad = np.dot(feel, bad_feel)

print(to_good)
print(to_bad)
```

```
if to_good > to_bad:
  print("いい気分のようですね。")
else:
  print("嫌な気分のようです。")
```

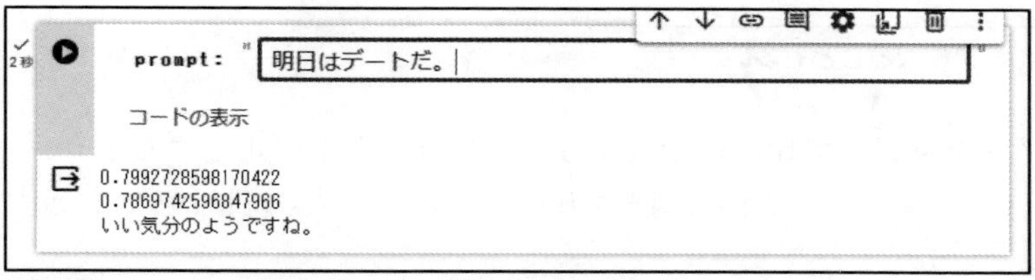

図 8-2 プロンプトを書いて実行すると感情を判断する。

　フォーム項目にプロンプトとしてテキストを書いて実行すると、2つの感情との内積の値の下にどういう感情かが表示されます。

　ここではembed_contentの結果から"embedding"の値を取り出し、以下のようにして2つの感情のコンテンツとの内積を計算しています。

```
to_good = np.dot(feel, good_feel)
to_bad = np.dot(feel, bad_feel)
```

　np.dotというのは、numpyというモジュールに用意されているドット積の関数です。numpyは、Pythonの数値計算用パッケージで、Colabでは標準で組み込まれています。ベクトルや行列の操作や統計処理などが充実しているため、Pythonでこうした処理を行う人の間で広く利用されています。

　dotは、引数に用意した2つのベクトルのドット積を計算するものです。たったこれだけで2つのベクトルの近さを数値化できるのですね。

英語タイトルでより正確になる

　実際にいろいろと試してみると、ちょっとおかしいな？　と感じるような結果が出てくるのに気がついたかもしれません。結構間違った結果を出すことが多いのです。

　これはなぜか？　エンベディングのモデルの品質があまり高くないのか？　そうしたことも考えられるかもしれませんが、一番の理由は「日本語」にあります。エンベディングモデルは、現時点ではまだ日本語がそれほど得意でないようです。特に顕著なのがtitleの指定で、これに日本語を指定すると、間違った結果になることが多いのです。

Chapter 1
Chapter 2
Chapter 3
Chapter 4
Chapter 5
Chapter 6
Chapter 7
Chapter 8

Chapter
1

Chapter
2

Chapter
3

Chapter
4

Chapter
5

Chapter
6

Chapter
7

Chapter
8

図 8-3　予想とは違った結果になることも多い。

　そこで、プロンプトを英訳してtitleに設定するようにコードを修正しましょう。まず、
プロンプトから英訳したプロンプトを得る関数を作成しておきます。新しいセルに以下を記
述し実行しておきましょう。

リスト8-4

```python
def get_e_content(prompt):
  model = GenerativeModel('gemini-pro')

  response = model.generate_content('以下を英訳してください。\n\n' + prompt)
  return response.text
```

　ここでは、まずGenerativeModelを作成し、generate_contentで「以下を英訳してくだ
さい。としてプロンプトをつけて実行しています。これで引数に渡したプロンプトの英訳が
手に入ります。
　これを利用して、先ほど作成したセルのコードを修正しましょう。以下のようにコードを
書き換えてください。

リスト8-5

```python
import numpy as np
from google.generativeai import GenerativeModel

prompt = "また彼女に振られた。" # @param{type:"string"}
prompt_e = get_e_content(prompt)

response = genai.embed_content(
  model="models/embedding-001",
  content=prompt_e,
  title=prompt_e,
  task_type="retrieval_document")

feel = response["embedding"]

to_good = np.dot(feel, good_feel)
to_bad = np.dot(feel, bad_feel)
```

```
print(prompt_e)
print(to_good)
print(to_bad)

if to_good > to_bad:
    print("いい気分のようですね。")
else:
    print("嫌な気分のようです。")
```

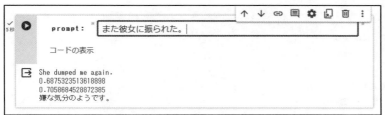

図 8-4　先ほどより正確な答えが返るようになった。

　先ほどと同じようにプロンプトを記入し、セルを実行してみましょう。まだ完璧とはいえませんが、先ほどよりもだいぶ正確な応答が返ってくるのではないでしょうか。

　ここではプロンプトを入力したら、これをtitleに指定してembed_contentを実行し、内積を計算すれば、より正確な結果が得られるでしょう。

　ただし、これでもやはり予想とは異なる結果になることはよくあります。現状では、日本語のエンベディングはまだ未完成といえるかもしれません。

セマンティック検索

　エンベディングの基本的な使い方がわかってきたら、これを使ってもう少し実用になりそうな処理を作ってみましょう。

　エンベディングがよく利用される機能に「セマンティック検索」があります。「意味的検索」というもので、コンテンツを「検索テキストを含むかどうか」ではなく、「検索テキストと一番近い意味のものはどれか」で探し出す、という機能です。これは膨大なデータベースなどから検索をするような使い方ではなく、用意されているコンテンツから最適なものを探して選ぶようなものに使われます。

　例として、日本料理・フランス料理・イタリア料理・中華料理・エスニック料理といったコンテンツを用意しておき、プロンプトで入力した希望にもっとも近いものを探して答えるプログラムを考えてみましょう。

コンテンツを作成する

まずは、各料理のコンテンツを用意します。新しいセルを用意し、以下のように記述をしましょう。なお、各料理の説明コンテンツは省略してあります。

リスト8-6

```python
# データフレームを使う
DOCUMENT1 = {
    "title": "Japanese cuisine",
    "content": """……略……"""}
DOCUMENT2 = {
    "title": "French cuisine",
    "content": """……略……"""}
DOCUMENT3 = {
    "title": "Italian cuisine",
    "content": """……略……"""}
DOCUMENT4 = {
    "title": "Chinese cuisine",
    "content": """……略……"""}
DOCUMENT5 = {
    "title": "ethnic cuisine",
    "content": """……略……"""}

documents = [DOCUMENT1, DOCUMENT2, DOCUMENT3,DOCUMENT4, DOCUMENT5]
```

ここでは、titleとcontentという2つの値を持つ辞書を作成し、これを1つのリストにまとめておきました。これが検索対象となるデータになります。

コンテンツの用意

重要なのは、コードではなく、用意するコンテンツでしょう。コンテンツ次第で、どのような情報で検索できるかが決まります。今回、サンプルとして用意したコンテンツを以下に挙げておきましょう。

リスト8-7 日本料理のコンテンツ

```
# 日本料理の特徴
季節の移り変わりを大切にし、旬の食材を活かす。四季折々の食材を素材の持ち味を活かしながら調理する。
素材本来の味を重視し、あまり手を加えすぎない。素材の素朴な味わいを大切にする。
精進料理に代表されるように、獣肉を控える傾向がある。魚介類や野菜を中心とした料理が多い。
和食は一品一品が小振りで、懐石料理のように小皿が次々と運ばれてくるスタイルがある。
見た目のみならず、食材の色合いなども重視される。盛り付けにも細かい心遣いが見られる。
昆布や煮干しなどを使った出汁文化が発達しており、出汁を使った料理が多い。
```

器や盛り付けにも和の伝統美があり、日本独特の食文化が生まれている。

日本料理の歴史
日本料理の歴史は、米や魚介類を主食とし、季節の食材を大切にする伝統を持つ。
古代から中国や朝鮮半島との交流により、食文化が発展。
奈良時代には仏教の影響で精進料理が広まり、平安時代には貴族文化が繁栄。
江戸時代には料亭文化や江戸前の食文化が栄え、寿司や粋な食べ方が生まれた。
現代では、日本の伝統と革新が融合し、世界的に高く評価されている。

リスト8-8 フランス料理のコンテンツ

フランス料理の特徴
バターやクリームをふんだんに使う濃厚な味付けが特徴的である。コクと香りが重視される。
ソースが発達しており、さまざまな素材や味を調和させるソースが料理の要となる。代表的なものにホワイトソースやブラウンソースがある。
食材や料理の技法が体系化されており、それぞれの調理法が確立されている。
伝統を重んじる一方で、新しい料理や調理法の革新も同時に行われている。
本格的なフランス料理は手間と時間がかかるものが多い。料理人の高度な技術が必要とされる。
フォアグラやトリュフなど、高級な食材が使われることも多い。贅を尽くした豪華な料理が存在する。
ワインとの相性が重視され、ワインと一緒に味わう文化がある。テロワール（土地）も大切にされる。
洗練された盛り付けで、料理の美しさにも重きがおかれている。視覚的な印象も大切にされる。

フランス料理の歴史
フランス料理の歴史は、古代ローマの影響を受けながら、中世にさらなる発展を遂げた。
中世ヨーロッパでの宗教的な影響が大きく、食材の組み合わせや調理法が洗練された。
16世紀ルネサンス期にフランス料理は隆盛を極め、フランス王室や貴族の宮廷料理として華麗なる時代を迎えた。
17世紀にはフランスの食文化がブルジョワ階級に広まり、食材や調理法が多様化した。
18世紀にはフランス革命が料理にも影響を与え、王室のコックたちは庶民の料理人として新たな道を歩んだ。
19世紀にはグルメ文化が隆盛を極め、フランス料理は世界的に認知される。
現代ではフランス料理は世界的な高い評価を受け、フランスの食文化の象徴として愛されている。

リスト8-9 イタリア料理のコンテンツ

イタリア料理の特徴
シンプルな材料を使いながらも、素材本来の味を最大限に活かすよう調理される。新鮮な食材を活かすことが重視される。
オリーブオイルとハーブの使用が欠かせない。バジル、オレガノ、ローズマリーなどのハーブが多用される。
パン、パスタ、ピザなど、小麦粉を使った料理が中心である。地域によってパスタの種類や調理法はさまざまだが、家庭的な味付けが特徴。
チーズが重要な役割を果たし、パルミジャーノ・レッジャーノ、モッツァレラ、リコッタなど独自の種類が発達した。
野菜を中心とした前菜が充実しており、アンティパストなどがある。旬の野菜をシンプルに調理する。
赤ワインの消費量が多く、ワインと合うよう調理される傾向がある。
郷土料理が発達しており、地域によって味付けやメニューが異なる。家庭料理の伝統が残されている。

Chapter 1
Chapter 2
Chapter 3
Chapter 4
Chapter 5
Chapter 6
Chapter 7
Chapter 8

イタリア料理の歴史
イタリア料理の歴史は古代ローマにまでさかのぼる。
古代ローマでは穀物や野菜、オリーブ油、ワインが主要な食材だった。
中世になると、イタリアは複数の都市国家に分かれ、それぞれの地域で独自の料理文化が発展した。
ルネサンス期にはイタリア料理が隆盛を極め、特にトスカーナやエミリア・ロマーニャ地方で高度な料理が発展した。
16世紀にはトマトが導入され、ピザやパスタなどの料理が誕生した。
19世紀にはイタリア統一運動があり、地域ごとの料理が国民的な食文化となった。
20世紀にはイタリア移民の影響で世界中に広まり、現代のイタリア料理は豊かなバラエティと伝統の組み合わせで愛されている。

リスト8-10 中華料理のコンテンツ

中華料理の特徴
多種多様な調理法が存在し、地域によって大きな違いがある。広大な中国各地の郷土色豊かな料理が発達している。
火力の強い炒め物が多く、素早く手際よく調理することが重視される。素材の素朴な味を活かす一方で、複雑な味付けも存在する。
香辛料の使用が欠かせず、生姜、ネギ、ニンニク、アニス、花椒など、中国特有の香り高い調味料が用いられる。
野菜を多く使う健康的な料理が多い一方、油で揚げた料理もよく見られる。
肉料理でも、鶏肉や豚肉、海鮮が中心で、牛肉は避ける傾向がある。
卵や豆腐を多用し、タンパク源として欠かせない食材となっている。
米はあまり主体とならず、麺類や小麦粉製品が主食として発達した。
さまざまな乾物や湘菜が発達しており、保存食文化が確立されている。
食用として珍重される貴重な素材も多数存在し、高級食材を使った料理も広く知られている。

中華料理の歴史
中華料理の歴史は古く、紀元前1500年頃にまでさかのぼる。
中国のさまざまな地域で多様な食文化が発展し、それぞれの地域で独自の特色を持った料理が生まれた。
紀元前3世紀には、中華料理の基本となる調理法や食材の組み合わせが確立された。
漢の時代には食材の多様化や調理法の発展が進み、その後もさまざまな王朝や地域の文化的影響を受けながら発展した。
特に唐宋時代には中華料理の発展が著しく、多くの名菜や調理法が生まれた。
明清時代には、中国料理の基本的な特徴が確立され、それ以降、近代化や外部との交流を経て、世界中で広く愛される料理文化となった。

リスト8-11 エスニック料理のコンテンツ

エスニック料理の特徴
エスニック料理とは、ある特定の民族や地域に由来する料理のことを指す。本場の味や伝統を大切にした料理スタイルが特徴。
スパイシーな香辛料の使用が目立ち、さまざまな独特の香りや刺激的な味わいが楽しめる。カレー、ハーブ、香菜などが多用される。
肉料理が中心で、牛肉、羊肉、鶏肉などのタンパク源が豊富。一方で、宗教的な理由から特定の肉を避ける料理もある。
主食は米やナン、パンなどの小麦粉製品が一般的。ピラフやブレッド、フラットブレッドなどが出される機会が

多い。

手作業を主体にした、昔ながらの家庭的な調理法が多く残されている。火加減や手間暇を惜しまない料理が存在する。

世界各地にさまざまなエスニック料理があり、宗教や気候風土などの影響を受けて、それぞれ独自の文化が育まれている。

近年ではフュージョン化が進み、エスニック料理同士が融合したり、他の料理と掛け合わされたりするケースも増えている。

\# エスニック料理の歴史

エスニック料理の歴史は、特定の地域や民族の食文化を表す料理の発展に関連している。

古代から、地域の気候、土地の特性、歴史的な影響が料理に反映され、独自の味とスタイルが生まれた。

さらに、移民や貿易の影響で異なる文化が交流し、料理に新たな要素や影響を加えた。

19世紀以降、世界中での移民やグローバル化の進展により、エスニック料理はますます多様化し、異なる文化や料理スタイルが融合した。

現代のエスニック料理は、世界各地の伝統や技術、食材を組み合わせ、新たな料理を生み出す創造的なプロセスとなっている。

コンテンツもAIで作る

　一通りのコンテンツを用意しましたが、「こうしたコンテンツは全部自分で用意しないといけないのか」と思った人も多いかもしれません。

　実は、これらのコンテンツの作成にかかった時間は、わずか15分ほどなのです。Geminiで「○○料理について教えて」「○○料理の歴史を教えて」というように質問し、その応答をまとめただけです。

　AIを利用したプログラムの作成を行うなら、そこで必要となるさまざまな部品もAIを使って用意しましょう。その方がはるかに快適に高品質のものが用意できるかもしれません。

DataFrameを利用する

　ここでは、5つの辞書をリストにまとめて処理をすることになります。こういう複雑な構造のデータを処理するには、pandasというパッケージの「DataFrame」というクラスが利用されます。pandasはデータ分析のためのパッケージで、DataFrameはその中心となるデータ構造です。これは表計算ソフトのように行と列によるデータを保管し管理します。

　では、作成したコンテンツをDataFrameでまとめましょう。新しいセルに以下を記述し実行してください。

リスト8-12

```
import numpy as np
import pandas as pd
```

Chapter 1
Chapter 2
Chapter 3
Chapter 4
Chapter 5
Chapter 6
Chapter 7
Chapter 8

```
df = pd.DataFrame(documents)
df.columns = ['Title', 'Content']
df
```

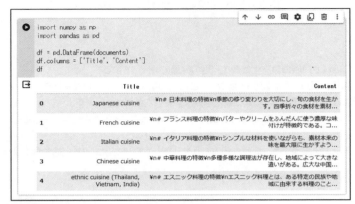

図 8-5 DataFrameが作成され内容が表示される。

　これでDataFrameが作成されます。セルの下に、表計算ソフトのような表が現れたはずです。これがDataFrameのデータです。DataFrameは、Colabではこのようにビジュアルにデータを表示できます。

　ここでは以下のようにしてDataFrameオブジェクトを作成します。

```
df = pd.DataFrame(documents)
```

　リストを引数に渡すことでDataFrameが作成されます。documentには、辞書のリストが入っていますね。こうすることで、辞書の各値が列に設定され、各辞書が行データとしてDataFrameが作成されます。

　作成後、各列に列名を設定しています。

```
df.columns = ['Title', 'Content']
```

　これでTitleとContentという名前の列を持つDataFrameが出来上がりです。以後は、このDataFrameを使って処理を行います。

DataFrameにエンベディングを追加する

　作成されたDataFrameにエンベディングの列を追加しましょう。これは、DataFrameのapplyというメソッドを使います。

```
《DataFrame》.apply( 関数 )
```

このapplyは、引数に関数を指定します。これにより、DataFrameの各行（または各列）ごとに関数を実行していき、すべての結果をリストとして返します。このリストを、DataFrameの新しい列として追加すればいいのです。

では、新しいセルに以下を記述し実行しましょう。

リスト8-13

```python
def get_embed(title, content):
  return genai.embed_content(
    model='models/embedding-001',
    content=content,
    title=title,
    task_type="retrieval_document",
  )["embedding"]

df['Embeddings'] = df.apply(lambda
  row: get_embed(row['Title'], row['Content']), axis=1)
df
```

	Title	Content	Embeddings
0	Japanese cuisine	¥n# 日本料理の特徴¥n季節の移り変わりを大切にし、旬の食材を生かす。四季折々の食材を素材...	[0.0066743507, -0.033655874, -0.008102418, -0...
1	French cuisine	¥n# フランス料理の特徴¥nバターやクリームをふんだんに使う濃厚な味付けが特徴的である。コ...	[0.046732485, -0.04084946, -0.014907997, -0.03...
2	Italian cuisine	¥n# イタリア料理の特徴¥nシンプルな材料を使いながらも、素材本来の味を最大限に生かすよう...	[0.039477445, -0.019093052, -0.046330106, 0.01...
3	Chinese cuisine	¥n# 中華料理の特徴¥n多種多様な調理法が存在し、地域によって大きな違いがある。広大な中国...	[0.032164562, -0.048646465, -0.035720345, -0.0...
4	ethnic cuisine (Thailand, Vietnam, India)	¥n# エスニック料理の特徴¥nエスニック料理とは、ある特定の民族や地域に由来する料理のこと...	[0.022204457, -0.032329094, -0.026871061, -0.0...

図 8-6　実行すると、DataFrameに「Embedding」という列が追加された。

これを実行すると、セルの下部にDataFrameが表示されます。先ほどの表示と違い、今回はTitleとContentの他に「Embedding」という列が追加されていますね。

ここでは、以下のようにしてapplyメソッドを呼び出しています。

```python
df['Embeddings'] = df.apply(lambda row: get_embed(row['Title'], row['Content']),
axis=1)
```

applyの引数にはlambdaとありますね。これはラムダ関数というものを示します。row: というのはDataFrameの列を関数に渡すのを指定するもので、ここではget_embedという

関数にTitleとContentの値を引数として指定しています。よくわからないかもしれませんが、これで「DataFrameのTitleとContentの値を使ってget_embedという関数を呼び出し、その結果をEmbeddingsという名前の列としてDataFrameに追加している」と考えてください。

肝心のget_embedはその前に用意してあります。embed_contentを呼び出し、その戻り値から["embedding"]の値を返しています。こうして得られたエンベディングのデータが、DataFrameに追加されたのですね。

DataFrameは、非常に使いこなしが難しいものですので、ここでの説明ですべて理解するのは難しいでしょう。「よくわからないけど、データをいろいろと加工できる機能を使ってエンベディングのデータを追加しているらしい」というぐらいに考えておきましょう。

◉ セマンティック検索を作成する

では、プロンプトに最適なコンテンツを探し出すセマンティック検索の処理を作成しましょう。新しいセルに以下のように記述をしてください。

リスト8-14

```python
def semantic_search(title, content, df):
  query_emb = genai.embed_content(
    model='models/embedding-001',
    content=content,
    title=title,
    task_type="retrieval_document")

  dot_data = np.dot(
    np.stack(df['Embeddings']),
    query_emb["embedding"])

  id = np.argmax(dot_data)
  return df.iloc[id]['Content']
```

ここでは、semantic_searchという関数を用意しました。これがセマンティック検索を行うものです。まずembed_contentで引数のタイトルとコンテンツをエンベディングしたデータを作成し、np.dotでDataFrameの各行との内積を計算し、dot_dataに代入します。

その後で「argmax」というものを呼び出していますが、これは引数に指定した列データの中からもっとも大きな値の行(id)を取り出すものです。そしてそのidをもとにDataFrameからコンテンツを取り出して返しています。これで、内積の値がもっとも大きいデータのコンテンツが取り出せました。

検索結果から応答を生成する

　これでデータのセマンティック検索は用意できました。後は、ユーザーにプロンプトを入力してもらいセマンティック検索を行うコード、そして検索されたコンテンツから質問に適した応答を生成するコードでしょう。

　ここではこれらを1つにまとめて行います。では新しいセルを用意し、以下のコードを記述してください。なおcontentのコンテンツで折り返し表示されている部分は改行せずに記述してください。

リスト8-15

```python
from IPython.display import Markdown

prompt = "" # @param{type:"string"}
prompt_e = get_e_content(prompt)

refer = semantic_search(prompt_e, prompt, df)

content = f"""以下に含まれる参考文章のテキストを使用して質問に答えてください。ただし、専門家ではない人を相手にしているため、フレンドリーで会話的な口調で話してください。その文章が答えと無関係な場合は、無視してください。

QUESTION: '{prompt}'
REFER: '{refer}'

ANSWER:
"""
model = genai.GenerativeModel('gemini-pro')
response = model.generate_content(content)
Markdown(response.text)
```

Chapter 1
Chapter 2
Chapter 3
Chapter 4
Chapter 5
Chapter 6
Chapter 7
Chapter 8

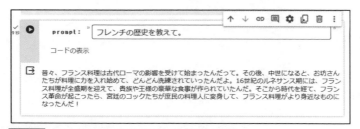

図8-7　料理のことで質問すると応答が表示された。

　フォーム項目に質問を記入しセルを実行すると、用意したコンテンツをもとに応答が作成され表示されます。用意したコンテンツから応答が作成されるので、デタラメな回答(ハルシネーション)が生成される確率はぐっと低くなります。

ただし、これは逆にいえば「コンテンツに用意されていないことには答えられない」ということにもなります。

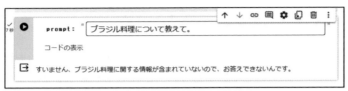

図 8-8　コンテンツにないことを質問すると答えてくれない。

ここでは、まずget_e_contentでプロンプトの英訳を用意してからsemantic_search関数を呼び出してセマンティック検索を行い、コンテンツを入手しています。それからcontentに用意したプロンプトを使い、用意したコンテンツをもとに質問の回答を作成させています。

ただセマンティック検索をするだけなら、いつも同じコンテンツが表示されてしまいます。また用意したコンテンツが長いとそのまま表示したのではあまり参考にはならないでしょう。

そこで、検索されたコンテンツをもとに、質問の答えをAIに生成させ、それを回答するようにしているのです。こうすることで、「いつも同じ答えが表示される」ということもなくなりますし、どんなに長いコンテンツを用意しても、回答時にはその中から必要な部分をうまくまとめて表示されるようになります。

データの保存と読み込み

作成したデータは、毎回セルを実行してDataFrameを作成していくのは面倒でしょう。ファイルに保存すれば、いつでも利用できるようになります。

例えば、変数dfのデータを「cuisine_data.json」という名前のファイルに保存するなら、以下のように実行します。

リスト8-16

```
df.to_json("cuisine_data.json")
```

これでファイルに保存できました。このファイルを読み込んでDataFrameを作成するなら以下のように実行します。

リスト8-17

```
df = pd.read_json("cuisine_data.json")
```

これで、DataFrameをファイルに保存し読み込めるようになりました。なお、保存されたファイルは、Colabのランタイムのストレージに保存されているだけなので、ローカル環

境にダウンロードしておきましょう。左端のアイコンバーから「ファイル」アイコンを選び、「ファイル」のパネルを呼び出します。そして「cuisine_data.json」の項目の右端にある「×」をクリックして、現れたメニューから「ダウンロード」を選べばファイルをダウンロードできます。

図 8-9　保存された「cuisine_data.json」ファイル。「ダウンロード」メニューでダウンロードできる。

◎ エンベディングは応用次第！

　以上、エンベディングの活用例を挙げておきました。エンベディングは、「あらかじめ用意した複数のコンテンツから最適なものを探し出す」というような用途に役立ちます。今回のようにさまざまな選択肢の中から最適なものを選ぶようなときに有用です。

　データは、DataFrameで管理すれば、いくらでも項目を増やすことができます。ただし、エンベディングで使えるのはタイトルとコンテンツだけなので、そのあたりをよく考えてデータ設計をする必要があるでしょう。

　「コンテンツがどのぐらい意味的に近いか」というのは、アイデア次第でいろいろなことができそうです。Gemini Pro で使ってきたような一般的なAIの機能とはかなり違いますが、しかし「AIモデルを使ってコンテンツから結果を得る」という点は同じです。ただ、得られるのがテキストではなくベクトルデータだという違いがあるだけです。

　実際にコードを書いて動かし、よく内容を調べてみれば、セマンティック検索というのがそれほど複雑なものではないことがわかるでしょう。どのような応用ができるか考えてみてください。

Chapter 1
Chapter 2
Chapter 3
Chapter 4
Chapter 5
Chapter 6
Chapter 7
Chapter 8

Index

索 引

Chapter 1
Chapter 2
Chapter 3
Chapter 4
Chapter 5
Chapter 6
Chapter 7
Chapter 8

Chapter 1
Chapter 2
Chapter 3
Chapter 4
Chapter 5
Chapter 6
Chapter 7
Chapter 8

■著者紹介

掌田 津耶乃 (しょうだ　つやの)

日本初のMac専門月刊誌「Mac+」の頃から主にMac系雑誌に寄稿する。ハイパーカードの登場により「ビギナーのためのプログラミング」に開眼。以後、Mac、Windows、Web、Android、iPhoneとあらゆるプラットフォームのプログラミングビギナーに向けた書籍を執筆し続ける。

■近著
「ChatGPTで身につける Python」(マイナビ出版)
「AIプラットフォームとライブラリによる生成AIプログラミング」(ラトルズ)
「Amazon Bedrock超入門」(秀和システム)
「Next.js超入門」(秀和システム)
「Google Vertex AIによるアプリケーション開発」(ラトルズ)
「プログラミング知識ゼロでもわかるプロンプトエンジニアリング入門」(秀和システム)
「Azure OpenAIプログラミング入門」(マイナビ出版)

●著書一覧
http://www.amazon.co.jp/-/e/B004L5AED8/

●ご意見・ご感想の送り先
syoda@tuyano.com

Google AI Studio 超入門
（グーグル エーアイ スタジオ ちょうにゅうもん）

発行日　2024年　6月10日　　　　第1版第1刷

著　者　掌田　津耶乃（しょうだ　つやの）

発行者　斉藤　和邦
発行所　株式会社　秀和システム
　　　　〒135-0016
　　　　東京都江東区東陽2-4-2　新宮ビル2F
　　　　Tel 03-6264-3105（販売）Fax 03-6264-3094
印刷所　三松堂印刷株式会社

©2024 SYODA Tuyano　　　　　　　　　　Printed in Japan
ISBN978-4-7980-7257-9 C3055